復興？絆？
福島の今

大沼淳一　吉原直樹
Junichi Ohnuma　Naoki Yoshihara

解放出版社

はじめに

■ 福島から私たちを考える

　2011年東日本大震災、福島第一原発事故。私たちは今まで経験をしたことのない世界に直面することになりました。

　広範囲に飛散した放射性物質によって私たちはいろんな局面で分断されることになりました。安全、安心をどう確保するのか。避難するにも強制避難と自主避難では、支援もばらばらです。そして被害に対して支払われる賠償金、補償金も人々の間に線引きをしてしまいます。

　この本は、ロシナンテ社が企画しました。1970年創業のこの小さな会社は、『月刊地域闘争』(現誌名　『月刊むすぶ』)という住民運動の交流誌を出すことのみを生業にしてきました。その頃、全国各地に原発建設が始まっていました。原発に反対する住民、研究者のネットワークがこの雑誌の大きな支え手でした。

　2011年春から『月刊むすぶ』では、原発、福島の声を中心とした誌面構成に取り組んできました。そんな中で大沼淳一さんと吉原直樹さんに出会いました。

　大沼さんは、長年、愛知県の環境研究所で環境汚染と向き合い、いろいろな市民運動に参加してきました。原発事故後、環境中の放射能汚染を丹念に測定する全国的なネットワークを中心になって運営しています。

　一方、吉原さんは、社会学者として都市社会学を専門としてきた方です。吉原さんは、震災後、福島県にボランティアとして飛び込み、たまたま大熊町民の避難所に入ることになります。そして町民の聞き取りを丹念に続けてきました。そんなお2人が、それぞれの専門性の立場から福島県の現実を論じ合います。

　復興とは誰のためのものなのか。そこから今の日本の現実が見えてきます。

ロシナンテ社　しかたさとし

※2017年第2回脱原発社会への道　連続講座「シンポジウム「福島原発事故から6年　復興政策と帰還政策を問い直す」(2017年5月21日　なごやYWCA)」での講演をもとにまとめました。

もくじ

はじめに　　　　　　　　　　　　　　　　　　　　3

第一部　　　　　　　　　　　　　　　　　　　　　7

　住めない大地があるという事実　　　大沼淳一　　8

　　人が住むべきでない放射能汚染地域　8／この国には故郷を棄てさせられた人々の刻んだ歴史がある　10／正確な土壌汚染を測ろうとしない政府　11／数字で分断される住民　14／被曝限度・年間20mSvをめぐって　15／ICRPのLNT（しきい値なしの直線）仮説　17／因果律（原因と結果を結ぶ糸）が見えない　20／個体差は3ケタ以上と考えるべき　22／忘れられた予防原則　23／100mSv以下のエビデンス（証拠となる事実）　24／国際原子力ロビーの陰謀　25／国連人権理事会の報告を無視する日本政府　27／無視された子ども被災者支援法　28／チェルノブイリ法による汚染区分と天地の差がある日本の区分　29／市民放射能測定所による17都県土壌放射能汚染調査　30／住民の多くは戻らない　34／では、どうすればよいのか　36／引用文献　40／

　大熊町民の声を集めるという営み　　吉原直樹　42

　　研究者ではなく一人の生活者として、聞き取りを　42／大熊町民と向き合ってきました　44／権力との「対話」と「対峙」の中で　44／「放射能まみれの町に帰れ」と言う政府と町　46／上からの帰還政策を問う　48／まず東電存続ありき　49／避難者を貶めるわたしたちの社会　51／復興のお金を得るために自治体を残す　51／廃炉？　無理だという声が聞こえてくる　53／コミュニティはあったのか　54／

絆で見えなくなる現実　55／これまでの自治会そしてサロンというあり方　57／孤立化する被災者　59／多様な絆づくりが大切　60／

第二部　63

【対談】福島原発被曝地の現状と未来　大沼淳一×吉原直樹

放射性物質は集中管理が原則　64

放射能汚染したあらゆるものが燃やされている　64／8000Bq超は申請したら指定廃棄物　64／自治体を残すことが大前提　65／このごみをどうするか　66／聞く耳を持たない政府　68／自治体を残すもう一つの選択肢　68／すでに6年、戻るしかないのか　69／石棺しかない　70／無能な政治の責任　71／被災地はビジネスの対象？　71／大熊町民にとって3・11とは何だったのか　72／原発労働者を作り出す構造　72／まだみんなで新しい町を作れるはず　73／現状をどうとらえるか、どう明日を語るのか　74／

福島県民と向き合い続ける――それが脱原発への道　75

女性が声を挙げ始めた　75／被災者が胸を張れる社会を　75／原発という受益構造に組み込まれた福島　76／自治体とは住民が主人公のはず　77／共同体意識の再考を　77／わたしたちが福島県民を追い込んでいないか　79／原発が今の福島を作った　80／大沼さんから見て帰っちゃいけない地域は双葉、大熊、浪江など……　81／

おわりに　科学技術は人のため　大沼淳一　88
　　　　　「大文字の復興」から「小文字の復興」へ　吉原直樹　89

プロフィール　90

第一部

住めない大地があるという事実
大沼淳一

大熊町民の声を集めるという営み
吉原直樹

住めない大地があるという事実

大沼淳一

■ 人が住むべきでない放射能汚染地域

　福島原発事故によって放射能汚染された広大な地域は、とりあえず人間が住むべきところではなくなりました。しかし、政府が避難命令を発した地域は年間被曝線量が20mSvで線引きされた極々限定された地域であり、避難した人々は約20万人、おそらく200万人ちかい人々は汚染地域に住みつづけて無用な被曝を重ねています[※](図1)。この過酷な、そして非人道的な被曝線量限度は、菅内閣の緊急事態宣言のもとで設定されたのですが、おそらくは大量避難の実行を嫌がった官僚の圧力があったものと思われます。20mSvの根拠となったのが、ICRP（国際放射線防護委員会）勧告Pub.109（2008年）「緊急時被曝状況における人々の防護のための委員会勧告の適用」[1]です。いま改めて勧告を見直してみると、被曝防護計画の策定に当たっては当局者、対応者、公衆など広くステークホルダー（利害関係者）との協議が不可欠だと書かれています。さらに、「一般に、緊急時被ばく状況で用いられる参考レベルの水準は、長期間のベンチマークとしては容認できないであろう。通常このような被ばくレベルが社会的・政治的観点からは耐えうるものではないからである」と書かれているのです。

※　福島県の事故発生時の人口は204万人でした。そのうち重大な汚染を被りながら避難区域に指定されなかった中通りの伊達市、福島市、二本松市、本宮市、郡山市、須賀川市、白河市などの人口が約100万人でした。さらに、栃木県（那須町、那須塩原市、矢板市、塩谷町、日光市、大田原市など）、宮城県（丸森町、角田市など）、茨城県（北茨城市、取手市、龍ヶ崎市など）、千葉県（柏市、流山市など）、岩手県（一関市、奥州市、平泉町、金ヶ崎町）なども避難が必要な地域でした。それらの合計は200万人に近いと思います。

事故直後の混乱した時期ならやむを得なかった側面があるかもしれませんが、事故後7年になんなんとする今日まで改正されないどころか、この線量を下回ったということを理由に居住制限区域や避難指示解除準備区域の指定が一斉に解除され、賠償金や住宅補助の打ち切りが予告され、帰還への圧力が強められています。

　汚染指定区域外からの避難者に対しては、2011年12月に「自主的避難等対象区域（福島県内23市町村）」が設定され、一律で一人8万円の一時金（18歳以下と妊婦は40万円）で避難にかかる経費をカバーするにはほど遠い額でした。この自主的避難等対象区域以外の汚染地域からの避難者については、まったく何の補償も支援もないままでした。自己責任発言で失脚した今村復興大臣の捨て台詞は政府の本音だったのです。

　この一連の帰還促進政策は、避難者の望郷の念、自然と調和した暮らし、家族の団らん、生業や地域コミュニティなどを失った

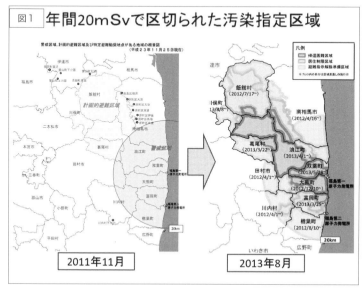

出所）　経産省ホームページ掲載図をもとに著者作成

避難先での困難な暮らしの中から醸成される故郷復興と帰還への願いを悪用して展開されているものです。原子力ムラの御用学者たちは、低線量被曝による健康被害を軽視する発言を繰り返しながら、政府の強引な政策に加担しています。本来なら200万人の緊急避難、移住政策が選択されるべきでした。

■ この国には故郷を棄てさせられた人々の刻んだ歴史がある

　日本の近代史を眺めてみると、国家権力や資本によって、あるいは経済の大きな流れの中でたくさんの人々が故郷を追われたり、棄てさせられたりしてきたことがわかります。足尾鉱毒事件では煙害によって松木村が滅亡し、鉱毒水に汚染された谷中村は遊水池の下に沈められてしまいました。鉱毒反対運動に立ち上がった農民の中には官憲の弾圧から逃れるために故郷を棄てた人々がいました。

　ダム開発の犠牲になって故郷を追われた人々もたくさんいます。住み慣れた先祖伝来の地が湖底に沈められて、生業や伝統、歴史、地域コミュニティを丸ごと失って、慣れない都会生活を余儀なくされた人々は全国にいます。

　石炭から石油へのエネルギー転換によって多くの石炭鉱山が閉山となり、20万人を超える炭鉱労働者とその家族が故郷を棄てて全国に散らばりました。雇用促進住宅という名の老朽アパートが全国にあるのは、この時のセーフティネットとして建設されたもので、今回の福島原発事故避難者のための住宅として再び利用されました。提供された住宅の中で最低ランクの施設だったそうで、避難者の方からそのつらかった経験をお聞きしたことがあります。

　高度経済成長を支える労働力が大量に求められた1950年代後

半から1960年代にかけて、全国の田舎から都市へ向けて若者が大量に駆り出されました。東北生まれの私の同級生たちが中卒の金の卵として集団就職列車で上京していったことを思い出します。都市が繁栄する陰で地方が疲弊し、過疎と高齢化によって限界集落が全国各地に存在するようになった今日の事態は、この時代に遠因があるのです。

　もう一つあげるなら、学童疎開があります。アメリカ軍の本土空襲が始まった1944年6月、学童疎開法が国会を通過すると、わずかに2カ月で約45万人の学童が東京、大阪、横浜、名古屋などから地方へと移動しました。

　このような歴史的事実をふまえて今回の福島原発事故における避難政策を見ると、政府および官僚たちのあまりにも愚かな、そして誠意のない態度が際立ちます。今回は過去の歴史に比べて決して引けを取らないどころか未曾有の汚染が起きてしまったわけですから、まずは故郷を棄てて避難や移住をすることを推奨・支援すべきであったのです。しかし、撒き散らされた放射能が臭いも味も色もない毒であることをいいことに、国民の生命と健康をないがしろにした愚策が選択されたのです。

　以上述べてきたことを、これから具体的なデータなどを示しながらお話ししていきたいと思います。

■　正確な土壌汚染を測ろうとしない政府

　政府は土壌調査をちゃんとやろうとしていません。図2が唯一の最初で最後の2011年に行われた文科省の土壌調査結果です（6月発表）。小さいマス目は2km四方に一地点の測定を行っています。かなり精密な調査ですが、残念なのは調査範囲が限定的なところです。外側の大きなマス目は10km四方です。汚染激甚地である栃木県の那須町や那須塩原市などがほとんど抜けてい

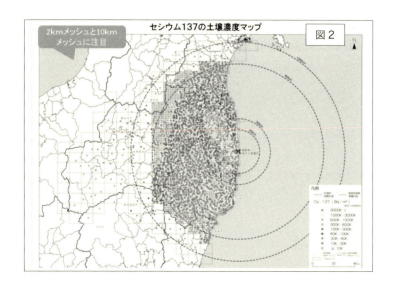

ます。放射能は県境を越えないという前提で調査範囲の設定がなされたかのようです。

　このあと、政府はヘリコプターから地上300mにセンサーをぶら下げて空間線量率を測定（エアボーン Air Borne 調査という）し、それを直径600mの円の平均値としての地上1mの空間線量率に換算して汚染地図を描いています。非常に不正確なものだと思います。図3はベラルーシ政府が作成した土壌汚染マッ

図3　ゴメリ州土壌汚染地図（1986年、2056年）

出所　ベラルーシ政府制作土壌放射能汚染アトラス（ロシア政府の協力のもとに制作された）

プです。土壌中の放射能を測っているので、将来予測ができます。この図ではゴメリ州のチェルノブイリ事故直後（1986年）と70年後（2056年）を示しましたが、ベラルーシ政府がロシア政府の協力を得て刊行した土壌汚染地図帳では10年ごとに70年後まで州ごとに8枚ずつの地図が示されています。図中左上の小さな地図は、ベラルーシにおけ

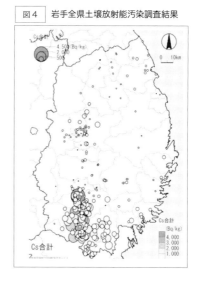

図4　岩手全県土壌放射能汚染調査結果

るゴメリ州の位置を示しています。ゴメリ州のすぐ南側にウクライナとの国境があり、チェルノブイリ原発はウクライナ側にありました。このような汚染地図によって、自分または子孫がいつ故郷に帰還できるかを判断することができます。決して豊かとはいえない国家であるベラルーシが、多額の国家予算を割いて移住者へのさまざまな支援や賠償を行い、このような汚染地図帳を作成したことと引き比べて、日本政府の対策は劣悪です。私が関わっている市民放射能測定センター（Cラボ）が、「Save Child いわて」の人々の協力を得て、2012年から翌年にかけて岩手全県316地点の土壌放射能汚染調査を行っています（図4）。県南の奥州市、金ヶ崎町、平泉町、一関市が深刻な汚染状態にあることが明らかになり、岩手県知事に対して更なる全県土壌汚染調査およびホットスポット調査と除染、健康検査の実施を求めました。しかし、残念ながらゼロ回答でした。その理由が、政府が汚染の把握には空間線量率で十分であるとしているので、県としても土壌調査は不必要と考えているとのことでした。市町村も同様にゼロ回答で、

平泉町などは、世界遺産に指定された中尊寺のケアだけでいっぱいで、放射能汚染対策まで手が回らないという回答でした。

■ 数字で分断される住民

図1に2011年9月に設定された3つの汚染区分が図示されていますが、その外側に11カ所の点が描かれています。南相馬市と伊達市のエリアです。この二つの自治体では汚染地域指定されたところと同等の高濃度汚染域が広がっています。しかし政府は、ここを汚染地域（計画的避難区域）として指定せず、一軒一軒の玄関口と庭先の空間線量率を測定して、それから概算される年間被曝線量が20mSvを下回れば無指定、超えれば特定避難勧奨地点として計画的避難区域と同等の賠償金を支払うという対策をとりました。自主的に玄関と庭先を除染した家では、他の場所が毎時10μSv（単純計算すれば年間約80mSv）を超えるような状況でも、指定はされず無補償とされたのです。この結果、子どもたちを被曝から守るために団結して懸命に闘っていた人々の間に亀裂と分断が生まれました。

黒川祥子さんの優れたルポ『心の除染という虚構〜除染先進都市はなぜ除染をやめたのか』[2]には、伊達市霊山町小国地区などを計画的避難区域に指定すれば、同程度の汚染を被った福島市大波地区や渡利地区まで指定しなければならなくなり、避難対象人口が膨れ上がることを嫌がったのではないかという伊達市議の見解が紹介されています。この本では、避難者を増やしたくない政府と、避難による人口減少を避けたい地方自治体首長との合作としての特定避難勧奨地点制度の導入や、除染先進都市を掲げながらやがて除染をサボタージュして住民に無用な被曝を強いていった経過が記されています。

一方、同様の特定避難勧奨地点制度が導入された南相馬市では、

複数の集落全戸が立ち上がって、南相馬・避難 20mSv 基準撤回訴訟を闘っています。しかし現在では、すべての特定避難勧奨地点の指定が解除されてしまいました。この訴訟に立ちあがったみなさんにお目にかかったとき、この町ではすでに小児科と産婦人科病院が一つもなくなってしまったという話をされていました。子持ちのファミリーや若者がいなくなって、老人だけの町になっていたのです。解除後に、病院は再開されたようです。

■ 被曝限度・年間 20mSv をめぐって
　──桁違いのリスクを押し付ける政府

　国際放射線防護委員会（ICRP）は 1990 年勧告で、一般公衆の年間被曝線量限度をそれまでの 5mSv から 1mSv へと改正しました。ICRP という組織は国際原子力ロビーの中核に位置していますが、そういう組織でさえも低線量被曝による健康被害に関する論文が積み重なってくるにしたがって、被曝限度を下げざるを得なくなってきたのです。この時、原発労働者などの放射線取扱作業従事者の基準も従来の年間 50mSv から 20mSv（5 年間合計で 100mSv、年間 50mSv を超えない）に改正されました。これを受けて日本政府も原子炉等規制法や放射線障害防止法などを改正しました。もう一つ、放射線障害防止法には放射線管理区域の基準があります。放射性物質を取り扱う実験室などの基準で、3 カ月で 1.3mSv、すなわち年間 5.2mSv です。この空間では飲食は禁止され、18 歳未満の作業が労働基準法で禁止されています。すなわち、年間 20mSv という被曝限度は、原発作業員の基準であり、放射能を取り扱う専門家のための放射線管理区域の 4 倍もの過酷な基準で、それを下回ったから復興のために子どもや妊産婦まで帰還しろというのは滅茶苦茶な話なのです。

　2011 年 12 月に野田首相は「原子炉が冷温停止状態に達し、

発電所の事故そのものは収束に至ったと判断をされる。これによって、事故収束に向けた道筋のステップ2が完了したことをここに宣言します」と発言しました。2013年9月、安倍首相はブエノスアイレスで開かれたIOC（国際オリンピック委員会）総会で、福島事故炉は完全に制御（アンダーコントロール）されていると大見得を切りました。しかし、被曝限度は2018年になっても年間20mSvに据え置かれたままです。

　2011年5月23日、年間20mSvに抗議して福島の子どもたちとその保護者ら500人が文科省を包囲した時、当時の高木文科大臣は1mSvを目指すとのリップサービスをしましたが、この約束はいまだに守られていません。

　2017年3月9日のテレビ朝日「報道ステーション」のインタビューに答えて、ICRP副委員長ジャック・ロシャール氏は、次のように発言しています。「年間被曝限度20mSvという数字に固執しているのは残念だ。私には理解できない。安全ではない。ICRPは事故後の落ち着いた状況では、放射線防護の目安は1〜20mSvの下方をとるべきだと勧告している」。この人物は、ベラルーシで放射能汚染したところでも注意深く、かつ放射能のことをぴりぴり心配しないで暮らせば生活できるとするエートス運動を推進し、物理学者・ネステレンコ親子が建設した市民放射能研究所であるベルラド研究所を壊滅に追い込んだいわくつきの人物です。福島もたびたび訪れて「福島エートス運動」を応援しているのですが、この人物でさえも20mSvが継続している事態を批判したのです。

　一方、国立がん研究センター（理事長：嘉山孝正氏）は2011年3月28日、緊急記者会見を開き、福島第一原子力発電所の被災による現時点での放射性物質汚染の健康影響について、チェルノブイリ事故や広島・長崎の原爆生存者の追跡調査などのエビデンス（健康被害の証明となる事実）から、「原子炉付近で作業を行っ

ている人を除けばほとんど問題がない」とする見解を発表しました。また、先ごろ亡くなった長滝重信氏は、環境省に設置された「東京電力福島第一原子力発電所事故に伴う住民の健康管理のあり方に関する専門家会議」(2013年～2014年)の座長として「100mSv以下はエビデンスがない」と発言しています。

　こうした一連の流れの中で、低線量被曝による健康被害については専門家の間でも意見が分かれていて難しいと考えられがちですが、それは違います。

■ ICRPのLNT（しきい値なしの直線）仮説 [3]

　図5は広島・長崎の被爆者を長期間観察して得られたデータなどから導かれたICRPによるLNT仮説を示しています。横軸は被曝線量（mSv）で、縦軸は1万人当たりの発がん数です。これ以下なら安全というしきい値がないので直線は原点ゼロを通っています。仮説とされるのは、しきい値がないということと、100mSv以下での直線性についてまだ議論の余地が残っているからです。しかし、ICRPがLNT仮説を勧告の基本にしたということは、根拠となるデータが積み重なってきたことと、予防原則の立場をとったからだと思われます。

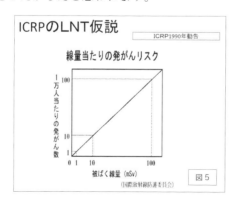
図5

予防原則（Precautionary Principle）とは、1970年代に激化した環境汚染問題の対策の中で発展してきた考え方で、1992年のリオデジャネイロで開催された地球環境サミットのアジェンダ（原則）15[※]に盛り込まれるなど、多くの国際条約などで採用されている考え方です。一言でいうと、科学的に完全に証明されているわけではなくても、そのことが起きてしまった時に重大な被害が予想される場合には、科学的証明の不十分性を理由にして予防的対策を怠ってはならないというものです。

　改めて図5を見ると、100mSvの被曝によるリスクは1万人当たり100人の発がんです。リスクとは、本来は危険なことが起きる確率とそのダメージの大きさの掛け算（積）です。ダメージを致死的な発がんとして固定すれば、確率の大小でリスクが比較できます。ICRPは、この図から得られる結果をそのまま使うのでなく、DDREF（線量・線量率効果係数）を2として、1万

図6　低線量、低線量率放射線被ばくに伴うがん死亡の生涯リスク（ICRP1990）

（10,000人当り、全年齢平均、1Sv当り過剰死亡数）

	ICRP 1977年勧告	ICRP 1990年勧告
赤色骨髄	20	50
骨表面	5	5
膀胱		30
乳房	25	20
結腸		85
肝臓		15
肺	20	85
食道		30
卵巣		10
皮膚		2
胃		110
甲状腺	5	8
その他	50	50
合計	125	500

[出典]（社）日本アイソトープ協会：国際放射線防護委員会の1990年勧告（1991年11月）、p.157

※　リオサミット第15原則「深刻な、あるいは不可逆的な被害のおそれがある場合には、完全な科学的確実性の欠如が、環境悪化を防止するための費用対効果の大きい対策を延期する理由として使われてはならない」

人あたり50人が、発がんとしました。低線量被曝を長期間続けた場合の健康被害は、広島・長崎の被爆者が一度で大量の被曝をしているのと比べれば、同じ被曝線量でも被害は半分程度であろうという判断を係数にしたのです。発がんリスクの中身は、図6に示したように、臓器や部位ごとのリスクが計算されて合算されています。1990年勧告では、LNT仮説が初めて採用された1977年勧告と比べてリスクの大きさが4倍上方修正されていることがわかります。

100mSvで1万人当たり50人なら、福島事故以前に設定された公衆の被曝限度である年間1mSvでは、1万人当たり0.5人ということになります。100万人当たりなら、50人です。毎年1mSvずつ被曝すれば、毎年50人の発がん予備軍（すぐに発病するわけではなく、潜伏期は長い）が積み重なっていくということです。日本の全人口1億人に対しては、毎年5000人となります。

このリスクを他の発がん物質のリスクと比較してみました。1mSvが100万人当たり50人の発がんリスクなら、20mSvの発がんリスクは単純に掛け算して、100万人当たり1000人です。これに対して、発がん性化学物質の基準を決めるときは、全人口が暴露するような慢性毒については100万人当たり1〜10人で設定されます。つまり、事故以前の年間被曝限度1mSvさえ、発がん性化学物質の5〜50倍のリスクを許容するものであり、20mSvは100〜1000倍も苛酷な基準だということになります。

もう一つ大事なことがあります。公衆の年間被曝限度1mSvは平常時における最悪の場合の限度であって、平常時の目標値は年間10μSv（＝0.01mSv）だということです（「管理を必要としない被曝線量」）[4]。また、原発を含めた原子力施設周辺住民に対する管理目標値は年間0.05mSvです。

■ 因果律（原因と結果を結ぶ糸）が見えない

　近代科学技術の発展とともにさまざまな有害物質が大量に使用されたり、環境中に排出されたりするようになりました。それに暴露することによる健康被害が大量に発生する事件も多発しています。1960年代に発生した4大公害事件などはその典型であり、被害者が排出企業を告訴した裁判で1970年代前半に被害者が次々と勝訴した歴史は多くの人が知っているところです。しかし、裁判に勝訴したからといって被害者のすべてが救済されたわけではありません。

　たとえば水俣病では、「視野狭窄」「ふるえ」など典型8症状のいずれかを持つ患者さんが8万人を超えているといわれています。そのうち6万5000人の認定申請に対して、認定されたのはわずか3000人に満たないのです。原因物質として特定された有機水銀でなくとも同じ症状が出る可能性があるところから、いくつもの症状が出ないと認定されなかったのです。水俣病の認定をめぐる裁判は各地で続き、最近ようやく1症状であっても水俣病と認定すべきであるとする最高裁判決（2013年4月）が出ました。しかし、環境省はこの裁定に従わず、認定患者の数は増えていません。被害者の多くは泣き寝入りです。

　原因と結果を結ぶ理屈の糸を因果律といいます。有害物質が慢性毒性を持っている、すなわちすぐには症状が出ない発がん物質であったり、水俣病のように他の理由でも同じ症状が出る場合には、因果律が不明瞭で、被害の証明が困難です。低線量被曝による健康被害もまた典型的な因果律不明瞭問題です。広島・長崎の被爆者の方々の多くが救済されず、原爆症認定訴訟が闘われてきた歴史もあります。

　慢性毒性を持つ有害化学物質（ダイオキシン、DDTなど）の

環境基準などを決めるときにリスク科学的手法が用いられます。たとえば青酸カリのような急性毒であれば動物実験によって半数致死量（LD50）が求められて毒の強さの指標となります。また、図7のCoに相当する最小致死量（LDLo）、最小中毒量（TDLo）を調べて、それらに安全係数10分の1あるいは100分の1をかけてやれば、誰も死なないリスクゼロの安全基準を決めることができます。しかし、慢性毒では因果律不明瞭領域であるために、リスクゼロ点を決めることができません。許容されるリスクをもたらす濃度を動物実験から求めることになります。

　低濃度の実験が難しいので実験動物に数万〜数十万倍という高濃度の毒を投与する実験を行い、低濃度側に外挿します。外挿するときに使われるモデルによって、得られる結果には何桁もの差が出ます。また、人と実験動物の間の種間差や個体差を考慮するために不確実係数をかけるのですが、この係数自体が数十から数千まで選択の幅があります。リスク科学的手法から得られた基準は、そもそも幅の大きい不確実性を伴っています。新しい知見が得られれば、基準の見直しが必要です。ICRP勧告の被曝限度が何度も書き換えられてきたのも、新しい知見を得て基準を下方修正しなければならなかったからです。

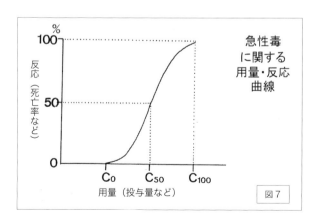

図7　急性毒に関する用量・反応曲線

低線量被曝ではさまざまな発がん原因が重なって、被曝だけの影響を取り出すことが簡単ではありません。だから、すでに述べたように広島・長崎の被爆者のデータなどの解析は今でも継続されています。新知見が重なると何度も基準を下方修正し、国際放射線防護委員会（ICRP）の公衆の追加被曝被爆限度は年間1mSvに到達しました[3]。しかしまだまだ不十分です。

■ 個体差は3ケタ以上と考えるべき
　　──感受性の高い人がまず犠牲になる

　すでにふれたように、毒物に対する感受性には個体差があります。たとえばアルコールという毒物を含有するお酒に対する感受性は、みなさんが日常経験していることでしょう。私の祖母は奈良漬を食べてさえ気持ちが悪くなる人でした。そうかと思えば、一升ビンを一人で空けてしまう人もいます。この差はゆうに3ケタはありそうです。

　「ケツから煙が出るほど」などと形容されるヘビースモーカーでも、肺がんにならない人もいますし、夫の吸うたばこの副流煙で配偶者の肺がんリスクが2倍になるという調査結果も出ています。化学物質過敏症で苦しむ方たちの感受性は正常の方と比べて、3ケタでは収まらないかもしれません。低周波振動のように科学的な調査や解明が不十分なことでも、大きな個体差があるように思います。私たちが享受する便利で豊かな社会は、こうした感受性の高い言わばカナリヤの人々の存在を無視して構築されているのです。放射線被曝に対する感受性も大きな個体差があると考えなければなりません。

　リスク科学手法で設定される基準は、個体差を考慮するものの、最も感受性の高い人々を守るものとはなりそうもありません。100万人が1mSvの被曝をして50人ががんになるという時、

感受性の高い人々から先に犠牲になることになります。まして、20mSv なら 1000 人ががんになるわけですから、感受性がさほど高くない人にも犠牲が出ることになります。低線量被曝による健康被害に対する防護策や被曝限度の設定について考える時には、このように個体差の存在を念頭に置き、感受性の高い人々をどうやって救うのかを視野に入れる必要があります。汚染地域で被曝による健康被害を軽視する講演を繰り返した御用学者たちの責任は重大です。

■ 忘れられた予防原則

　すでに述べたように、100mSv 以下の確率的影響領域（あるいは不確実領域）では、因果律が不鮮明になって、健康被害が他の因子によるがん死と重なって顕在化しにくいのです。だからこそ ICRP は LNT 仮説のもとに防護のための基準を設定してきたのです。しかるに、福島原発事故発災以来、御用学者たちは、100mSv 以下では健康被害はないと断言さえしてきました。

　これはまさにフェイクすなわち虚言です。前に述べたように「東京電力福島第一原子力発電所事故に伴う住民の健康管理のあり方に関する専門家会議」座長であった長瀧重信氏の「100mSv 以下はエビデンスがない」発言は二重に間違っています。後で述べるように、放射線作業従事者の健康調査、医療被曝を受けた患者さんの追跡調査などさまざまな研究の中から 100mSv 以下の被曝でもがん死の増加が証明されています。また、百歩譲ってこれらの証明が不十分であったとしても、確率的影響領域では因果律が不鮮明であるためにエビデンスの実証は必ずしも必要とされないと考えるべきなのです。また、LNT 仮説の項で述べたように、仮説の科学的実証がたとえ不十分だとしても、予防原則の立場から「しきい値なしの直線」を前提として対策がとられるべきなの

です。

　不確実領域がますます広がってきた現代においては、やむをえずリスク（確率）を指標として健康を守るための不確かな基準を設定しなければならなくなっています。だからこそ同時に、この手法の危うさを知りつつリスク管理を進めなければならないのです。

　A. ワインバーグは1972年に、「科学によって問うことはできるが、科学によって答えることができない問題群からなる領域」をトランス科学領域と名づけました。この領域では科学者は科学の進むべき方向について謙虚に市民の意見を聞かなければならないのです。ヨーロッパの科学者たちが始めたサイエンスショップ運動では、「科学者は欠落モデルを棄てなければならない」とされています。「知識が欠落した無知なる市民に科学者が教えてあげる（欠落を埋める）というスタンスを棄てよう」というスローガンです。市民の側も、草の根権威主義を棄てて、科学者と対等の立場で議論する立ち位置をとらなければなりません。

　リスク科学の危うさに対する戒めの鑑としての「予防原則」があり、また専門家や行政機関が一方的に基準を押し付けるのでなく、対等な関係でリスク管理について双方向性の議論をする場としてのリスクコミュニケーションがあるのです。しかし後者は現在までのところ、御用学者と行政による一方的な市民説得の場と化しています。放射能でひどく汚染された地域で、多くの御用学者たちが低線量被曝による健康被害を過小評価する講演をし続けたことによって、多くの人々が逃げ遅れ、避難のタイミングを失してむざむざ無駄な被曝を重ねてきてしまいました。

■ 100mSv以下のエビデンス（証拠となる事実）

　100mSv以下の被曝でも健康被害が起きることを示す報告は

たくさんあります。たとえば、放射線影響協会が2010年に公表した20万3904人の原子力施設労働者について 平均10.9年、平均累積線量13.3mSvの観察を行った放射線疫学調査結果によれば、10mSvの被曝で全がん死が4％、肝臓がん死が13％、肺がん死が8％それぞれ増加しています。そもそも、労災認定は、5mSv以上の被曝で認定されているのです。

カナダ・マギール大学のチームの研究も興味深い結果を示しています[5]。心筋梗塞の患者9万2861名を5年間追跡して、治療のために受けたエックス線被曝線量と発がんリスクとの関係を調べたところ、被曝線量が10mSv増加するごとに、発がんリスクが3％ずつ増加しているという結果になったのです。

ベラルーシの医師ユーリ・バンダジェフスキーの研究結果は、多くの人がすでに知っていると思います[6]。体内に取り込まれた放射能（セシウム137）が増加するほど、子どもの心電図異常が増加するという結果です。体重1kgあたり10Bq（ベクレル）を超えると、心電図異常が増えています。体重20kgなら、全身で200Bqの放射能を取り込んだことになります。毎日食べ物から10Bqずつ摂取すると、約2年後には体内に約1500Bqが蓄積してしまうという計算結果[7]も出ていますので、油断できない量です。毎日1Bqの摂取でも、2年後には約150Bqが蓄積します。

さらに、ベラルーシの心臓病患者数が1991年以来増加を続け、2004年には約2倍に達しているという報告があります[8]。ベラルーシの2008年の死亡原因内訳を見ると心臓病が50％を超えています[9]。チェルノブイリ原発事故による放射能汚染ががん以外の病気も増加させていることを示すものだと思います。

■ 国際原子力ロビーの陰謀

2017年12月20日に公開された日本政府の外交文書から、日

米欧の主要7カ国（G7）がチェルノブイリ原発事故の本質をあいまいにした過程が明らかになりました[10]。当時は米ソ冷戦のさなかでしたが、原発推進という点で欧米諸国とソ連の利害は一致していました。このために、開催を予定されていた東京サミットでの原子力事故声明から原発推進に水を差すような表現が次々と削除されていったのでした。

チェルノブイリ原発事故については、吉岡斉氏の『新版 原子力の社会史』[11]で、事故被害の過小評価を画策したソ連政府と国際原子力機関（IAEA）の協力ぶりが紹介されているベラ・ベルベオークら[12]や、アラ・シロシンスカヤ[13]の著書が紹介されています。

図8で示したのは、これら国際原子力ロビー（原子力マフィアともいわれています）に関係する諸機関の相関図です。ICRP以外にも、UNSCEAR（原子力・放射線に関する国連科学委員会）やIAEAがつながっていて、委員もかなり重複しています。放射線被曝による健康被害を研究する学問分野を保健物理学（Health Phisics）といいますが、この分野全体がこれらの機関に属する専門家たちによって仕切られていると言っても良い状態です。ウラディーミル・チェルトコフ[14]というスイス国籍の映画監督による記録映画『真実はどこに』では、2001年2月ジュネーブで

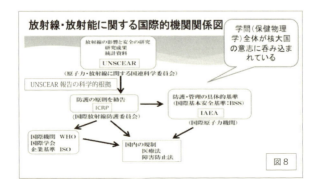

図8

開催された WHO と IAEA との合同シンポジウムで、WHO は今後低線量被曝による健康被害の問題に関わらないことを IAEA から言い渡されたことが証言されています。当時の WHO 事務局長だった医師・中嶋宏さんが、カメラの前で「IAEA は国連でも最も強い権限を持っている安全保障理事会の下部機関であり、経済社会理事会に属する WHO では抵抗できない」と述べているのです。

ICRP の内部被曝問題検討委員会初代委員長だったカール・モーガンが、「ICRP は原子力産業界の支配から自由ではない」と発言しています[15]。

以上のように、放射線被曝が人体に深刻な被害を与えることをできるだけ小さく見せようという圧力が常に働いています。圧力の源は、安保理事会の常任理事国すなわち米ロ英仏中の5大核大国だと断じて良いと思います。保健物理学という学問分野全体がこの圧力下にあると考えざるを得ません。それでも学問ですからまったくでたらめではなく、ICRP の勧告も長い年月をかけて基準が厳しくなり年間 1mSv になりました（なお、ICRP に対抗するヨーロッパ放射線リスク委員会 ECRR の 2010 年勧告では、年間 0.1mSv を提案しています）。

■ 国連人権理事会の報告を無視する日本政府

国連人権理事会が選任した「すべての者の到達可能な最高水準の身体及び精神の健康の享受の権利（健康の権利）」特別報告者アナンド・グローバーさんが事故の1年半後の 2012 年 11 月 14 日から 26 日まで来日し、福島などの汚染地域を訪問し、関係省庁、自治体その他関係機関と意見交換を行うとともに、市民社会との対話を実施しました。彼は「健康に対する負の影響の可能性に鑑みて、避難者は可能な限り、年 1mSv を下回ってから帰還が推

奨されるべきである。避難者が帰還するかとどまるかを自ら判断できるように、政府は賠償および支援を供与し続けるべきである」という勧告をまとめて、国連人権理事会に報告しています。実に適切で、素晴らしい勧告でした。

しかし、日本政府は同じ人権理事会においてアナンド・グローバー報告に対する反論をし、彼の勧告を無視しました。なお、アナンド・グローバー報告の日本語訳が環境 NGO・FoE から出ています[16]。

■ 無視された子ども被災者支援法

2012 年 6 月、超党派の議員立法で成立した「子ども被災者支援法」が機能していません。日本版チェルノブイリ法とでもいうべき立派な法律です。第 2 条に、「支援対象地域における居住、他の地域への移動及び移動前の地域への帰還についての選択を自らの意思によって行うことができるよう、被災者がそのいずれを選択した場合であっても適切に支援するものでなければならない」とあります。避難しようがとどまろうが、すべての選択を避難者に任せて、すべての選択を国はサポートするという意味です。

第 5 条第 3 項には、「東京電力原子力事故の影響を受けた地域の住民、当該地域からの避難している者等の意見を反映させる」とあります。しかし、住民不在のまま、政府が勝手に汚染区域のゾーニングをしました。

議員立法満場一致で成立したのに何がだめだったのでしょうか。実は法律ができただけでは何も実行されません。子ども被災者支援法の場合は、基本方針が策定されて具体的な施策が展開されることになっていたのですが、官僚のサボタージュで 1 年 4 カ月も放置されてしまいました。ようやく 2013 年 10 月に策定されたものは、法律の理念を実行する内容でなく、従来行われて

きた施策を並べただけの代物でした。

■ チェルノブイリ法による汚染区分と天地の差がある日本の区分

図9は、ロシア版チェルノブイリ法（1991年）の土壌汚染区分と、福島事故後の日本の汚染区分を比較したものです。チェルノブイリ法では、汚染区分は単位面積当たりの土壌中放射能（Ci／km²）と空間線量率（実効線量 Sv）の両方から規定されています（Ci：キュリー）。

5Ci／km²以上あるいは年間実効線量が 1mSv 以上なら、移住の権利があり移住のための費用や移住先での生活が保障されます。1Ci は 370 億 Bq なので、Bq 単位に直せば 18.5 万 Bq／m²です。土壌の比重を 1.3 と仮定して、放射能が土壌表層 0〜5cm にとどまっていると仮定すれば、約 2800Bq／kg に相当します。

15Ci／km²（= 55.5 万 Bq／m²、約 8500Bq／kg）以上ある

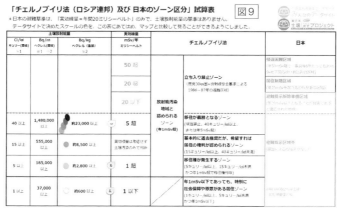

いは年間実効線量が1〜5mSvなら、移住が推奨されるが、居住の権利も認められます。

40Ci／km²（＝148万Bq／m²、約23000Bq／kg）以上、あるいは、年間実効線量が5mSv以上であれば、移住は義務となり居住はできません。

1Ci／km²（約600Bq／kg）以上であれば、年間実効線量が1mSv以下であっても、放射能に注意して居住する必要があり、社会保障などの恩恵がある区域なのです。

これに対して日本の汚染区分では、土壌中の放射能はまったく考慮されず、空間線量率が年間20mSvを超えれば居住制限区域とされ、50mSv以上で帰還困難区域とされています。20mSv以下となることが確実視された区域では、避難指示解除準備区域とされ、20mSvを下回った時点で、区域指定が解除されて帰還が可能となりました。実際には、2017年3月をもって避難指示解除準備区域と居住困難区域が同時に一斉解除されてしまい、賠償金の打ち切り予告がされ、帰還のための引っ越し費用などの支給によって、帰還に向けた圧力がかけられたのです。

なんという大きな違いでしょうか。国民の生命の危険をなんとも思わない冷酷無情な汚染区分だと言わなければなりません。この国は、ソ連崩壊で大混乱し、経済も疲弊していたウクライナやベラルーシに数段劣る施策しか実行できなかったのです。こういう官僚や政治家をわれわれの税金で養っているかと思うと情けない限りです。

■ 市民放射能測定所による17都県土壌放射能汚染調査

福島原発事故が起きて大量の放射能がばら撒かれたとき、政府や自治体の放射能測定では信用できない、あるいは、検出限界が高すぎて食品が選べないなどの問題が発生し、市民放射能測定所

が全国各地で立ち上げられました。その数は100を超えるだろうと言われています。私が運営に関わる名古屋の「未来につなげる東海ネット　市民放射能測定センター」も、広範な市民の浄財を集めて2011年7月に500万円の測定器を購入して測定を開始しました。そうした市民測定所が複数集まって、技術研修と交流を目的として合同勉強会を開催する中で、共同のウェブサイトを構築して、参加測定所のデータを1カ所のサイトに集約し、市民が誰でも無料でデータ検索ができて、自由にダウンロードできるシステムが構想されました。そして、システムの完成とともに、「みんなのデータサイト（略称：MDS）」という名の市民放射能測定所ネットワークが誕生し、現在では34測定所が参加しています。

　このMDSが2015年から開始した、静岡県から青森県までの17都県を対象にした「土壌ベクレル測定プロジェクト」による土壌放射能汚染調査結果が出ました。3350余地点におよぶ調査地点の土壌中放射能濃度を地図上にプロットとした汚染マップ

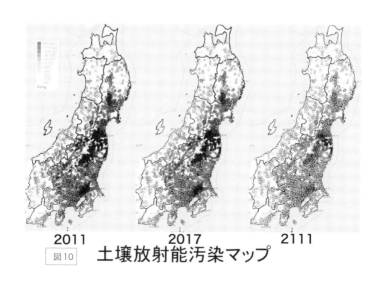

図10　土壌放射能汚染マップ

も完成しました。調査計画の設計段階で、あえて放射能が濃縮される雨樋の吐きだし口などのホットスポットをはずして、子どもたちが活動する公園、広場、校庭、園庭を中心にして調査することを決めていました。図4に示した岩手県の調査から引き継いでいる調査方針です。ホットスポットでは、今回の調査結果の1ケタ以上高い汚染が発見されることも少なくないことも念頭に置く必要があります。

　土壌中放射能の存在量が把握されているので、10年後、20年後、そして100年後までの汚染の推移を予想することもできます（図10）。事故から6年を経ても深刻な汚染がまだ続いていること、100年後でもまだ人が住むべきではないエリアが残ることなどがわかります。こうした将来予測は、政府がやっている空間線量率調査ではできないことです。

　図11に示したのは、放射能の理論減衰曲線です。事故直後はさまざまな核種がばら撒かれましたが、それらの多くは半減期が

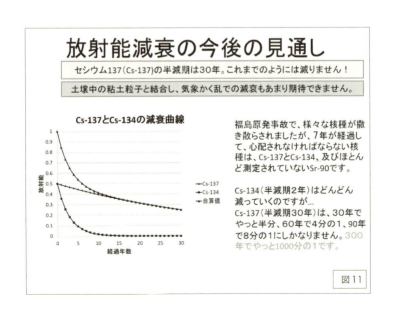

図11

短くてほとんど消えてしまいました。今も残っていて厄介な核種は、セシウム134（半減期2年）とセシウム137（半減期30年）です。この他に半減期29年のストロンチウム90がありますが、ガンマ線を出さないベータ核種なので市民測定所で測定するのが困難なため、把握されていません（政府のデータも極めて少ないのも大きな問題です）。事故炉から放出されたセシウム134と137の比率は1：1でした。134と137の合計値（実線）が事故後6年でちょうど半分になっています。さらに6年たつと現在の半分になるかというとそうではありません。半減期の短い134があらかた減衰することによって合計値が半分になったのであって、今後の合計値は137のゆるやかな減衰曲線に沿ってしか減衰しないことがわかります。つまり、今後は30年でやっと半分になるというペースでしか減衰しないのです。

　図12に福島県の土壌放射能汚染マップ（2017年時点）を示しました。福島第一原発周辺の双葉町、大熊町、浪江町は帰還困

図12　福島県土壌放射能汚染マップ

難区域であるためにサンプリングのための立ち入りができず、空白になっています。その空白域から北西方向、飯舘村に向かって濃厚な放射性プルームが移動しながら地上に放射能を沈着させていったことがよくわかります。さらに飯舘村から伊達市に入ったプルームが、福島市から中通りを南

図13　栃木県土壌放射能汚染マップ

下して郡山市や白河市を通過し、これらの地域でチェルノブイリ法で移住の権利ゾーンに区分される土壌1kg当たり2800Bq以上の地点が並んでいることがわかります。

　図13に栃木県の土壌放射能汚染マップ（2017年時点）を示しました。福島県境を越えたプルームは栃木県北部に至り、那須町、那須塩原市、矢板市、塩谷町、日光市、大田原市の一部などにチェルノブイリ法移住の権利ゾーン相当の汚染を残しました（これらの結果はMDSのサイトを検索すれば、カラー画像で見ることができます[17)][18)]。プロットをクリックすれば場所と測定値が表示されます）。

■　住民の多くは戻らない

　図14は、富岡町役場が2016年10月に実施した住民アンケート調査結果です。全年齢層の平均として、将来的な希望も含めて戻りたいと考えている人が16％います。しかし、その内訳を見ると、解除後すぐに戻りたいという人が36％ですから、それは全年齢層に対して約5％にすぎないことがわかります。年齢別に

見ると若い人ほど戻らないことを決めている人が多くなり、戻りたい人は29歳以下では将来的な希望を含めても4.9％にすぎません。事故前に1万6000人だった人口に対して、役場が想定している2023年時点の町の人口構成は、戻ってくる町民2600人、原発廃炉作業員1500人といういびつな町です。

　2600人が本当に戻ってくるのかは疑問です。富岡町役場は2017年4月から避難先の郡山市から富岡に戻りました。しかし、役場の職員の多くは郡山市に居住したままで、役場が出す通勤バスで遠距離通勤をしているのです。私は、2017年1月に富岡町の現地調査をしたのですが、町の中心にはスーパーマーケットと食堂が併設されたショッピングモールが公費で建設されていました。ちょうど昼時で、すでに営業していた食堂は、原発作業員でにぎわっていました。1万6000人の町が復活するのではなく、まったく別な町になるということだと思います。

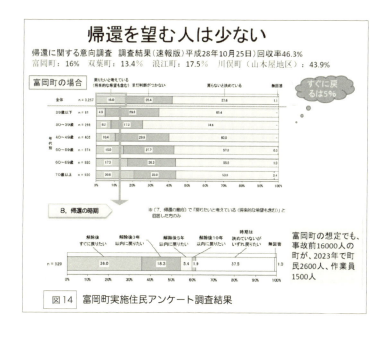
図14　富岡町実施住民アンケート調査結果

かつて核燃料再処理工場反対運動が展開されて、核燃反対派の村長が当選していた青森県の六ヶ所村は、核燃が立地してその従業員が村の人口の多数を占め、もともとの村民は少数派に転落してしまいました。むりやり復興させられた高濃度汚染域の市町の未来図と重なります。

■　では、どうすればよいのか

　これまで述べてきたように事故直後に関しては、福島県中通り、栃木県北部、宮城県南部、岩手県南部などの高濃度汚染域では、政府がなんと言おうと、自治体がなんと言おうと、とにもかくにも避難するべきでした。しかし残念なことに避難した人はごくわずかで、200万人に近い人々はさまざまな理由からそこにとどまって、かなりの被曝をしてしまいました。そして約7年が経過し、放射性セシウム（137と134の合計値）が半分以下に減衰しました。しかし、まだまだチェルノブイリ法の移住の権利ゾーン相当の地域がかなり残っています。よって、今からでも避難や移住をする意味はあります。改めて、子ども被災者支援法の条文に立ち返り、避難・移住の権利を認め、政府や自治体が支援する体制を組むべきだと思います。そのことによって、母子避難している人々の家族崩壊も救援できると思います。もちろん、その前提となるのは公衆の被曝限度を一刻も早く年間20mSvから1mSvに戻すことです。

　しかし、とどまらざるを得なかった人々にはそれぞれ避難できなかったさまざまな理由があります。たとえば、先祖伝来の田畑や、有機農法によって磨き上げてきた農耕地を棄てるわけにはいかなかった人々がいます。有機無農薬野菜を買ってくれる消費者の大半を失うという逆境の中で、それらの人々は作物にセシウムが入らないように、カリウムを大量にまいたり、ゼオライトとい

うセシウムを吸着する物質を撒いたりして、懸命の努力を続けてきました。そのかいあってか、作物中の放射性セシウム濃度はかなり下がってきました。しかし、彼らが農作業する環境は空間線量がかなり高く、そこで働けば余分に外部被曝します。また、土壌中放射能が1kg当たり数千Bqもあるような耕地をもうもうと土埃を上げながらトラクターで耕す風景は痛ましい限りです。それらを吸い込めば内部被曝をするのです。そうした農家の中には息子さんが後継者として跡を継いでくれるという、本来なら幸運な家族もいます。

　こうした人々がいま改めて避難・移住に踏み切るにはハードルが高すぎるかもしれません。そもそも高濃度汚染地域では、放射能の話をすることそのものが忌み嫌われ、マスクをすることさえバッシングの対象となる陰湿な空気が支配しています。それどころか、学校給食に地元産の野菜が使われたり、汚染したキノコや山菜をこれ見よがしに食べるイベントなどさえ行われています。風評被害対策が福島県の最大の汚染対策となっている感もあります。事態は極めて悲観的です。

　私たちは、政府や自治体、御用学者たちの嘘に反論し、低線量被曝の危険性を訴え続けていくつもりです。それと同時に、それでもなお避難・移住できない人々のために、放射線被曝をできる限り低減するための支援をしていくことが大切になっていると思います。すでに、汚染地域ではそのような思いを実践に移している人々がたくさんいます。たとえば、NPO法人・シャロームの吉野裕之さんや那須町の市民放射能測定所「希望の砦」の野越さんたちは、ホットスポットファインダーという高性能測定器を担いで子どもたちの通学路や公園の汚染マップをつくり、発見されたホットスポットについて行政に通報して除染をさせるという貴重な活動を続けています。やはり市民放射能測定所の一つであるNPO法人ふくしま30年プロジェクトのみなさんや、前述の吉

野さんたちは、子どもたちを汚染のない地域へと連れ出す保養事業を続けてこられました。私が関わっているCラボでも、有機農家の耕作土壌放射能測定や生産物の測定、生活空間や耕作地の汚染マップ作成、室内放射能汚染調査などを継続して行っています。室内環境調査で発見された囲炉裏の灰の交換なども行いました。

　保養については、愛知県や岐阜県でも熱心に取り組んでおられるグループがいくつかあります。素晴らしいことです。しかし、市民グループによる保養事業には受け入れられる人数や期間などにおいて限界があります。心の保養にはなっても、内部被曝や外部被曝を軽減する効果はあまり期待できません。チェルノブイリで国家レベルで行われている保養と比べればスケールがまったく違います。政府や自治体が真剣に取り組めば、現在の100倍以上のスケールで、実効性の高い保養ができるはずです。

　事故当時18歳未満だった子どもたちに関する福島県民健康調査によって、甲状腺がんまたはその疑いのある子どもたちが194例も発見されています。しかし、19歳以上および大人たちの健康検査は行われていません。低線量被曝による健康被害は発がんだけではありません。すでに述べたように心臓病も懸念されています。広島原爆の被爆者の調査では、ありとあらゆる病気にかかりやすくなっているという調査結果も発表されています。チェルノブイリ法で移住の権利が認められている土壌1㎡当たり18.5万Bq以上（1kg当たり2800Bq以上）の地域、年間被曝線量が1mSvを超える地域の住民にはすべて健康手帳（被曝者手帳と呼ぶべきでしょう）が配布され、無料で診察や治療が受けられるようにするべきです。

　汚染地域で農業を続けている人々には、無用な被曝を避けるための啓発、作業指導もなされるべきです。また、放射線感受性が高くて余命も長い若者に関しては、特別の配慮が必要です。外

部被曝を正しく把握するためのドーズメーター（個人積算線量計）の常時着用、内部被曝をモニターするための高性能ホールボディーカウンターによる定期的な測定、血液検査なども含めた年間１回の定期健康診断など、従来放射線管理区域で放射線取扱業務に従事していた労働者や研究者に対して行われていたモニタリングのすべてを、政府の責任で実行するべきです。

　畑の野菜や米への放射性セシウムの移行が次第に低くなってきたことは幸いですが、野生のキノコや山菜類、野草、イノシシやシカなどのジビエ類の汚染は依然として続いていて、良化の兆しは見えていません。これらの食品類に対する政府や自治体の放射能モニタリングは明らかに不足しています。とりわけ、商品として流通するものについては検査がされるので、基準超過すればすぐに出荷が停止されるのですが、自家消費や縁故流通についてはほとんどノーマークです。チェルノブイリ原発事故のあと、野生のキノコやベリー類などの汚染食品の摂取が制限されていた

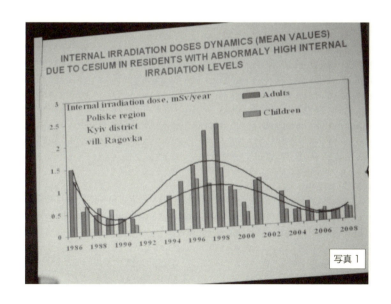

写真１

ので、体内に取り込まれた放射性セシウムレベルは次第に低下していったのですが、10年後に事故直後以上の体内汚染がみられるようになりました。これはウクライナの国立放射線医学研究センターの研究者から直接に伺った話です（写真1）[19]。事故から長い時間が経つと、人々の放射能への警戒心や関心が薄らぎ、いつの間にか危険な野生由来の食品を食べるようになった結果でした。同じ過ちが日本でも繰り返されそうな気配があり、とても心配です。政府や自治体は、風評被害退治に躍起になるのではなく、こうした二次被害ともいえる事態を極力少なくする努力が必要なのです。

■ 引用文献

1) ICRP勧告 Pub.109（2008年）：緊急時被曝状況における人々の防護のための委員会勧告の適用
2) 黒川祥子：『心の除染という虚構～除染先進都市はなぜ除染をやめたのか』（集英社 2017年2月）
3) ICRP勧告 Pub.26（1977年）でLNT仮説が採用され、1990年勧告Pub.60で発がんリスクは大幅に上方修正された
4) ICRP勧告 Pub.46（1985年）：放射性固体廃棄物処分に関する放射線防護の諸原則
5) Mark J. Eisenberg ら：「Cancer risk related to low-dose ionizing radiation fron cardiac imaging in patients after acute myocardil infarction」, CMAJ (Canadian Medical Association Journal) .2011 naMar 8;183 (4) :430-6. doi: 10.1503／cmaj.100463. Epub 2011 Feb 7.
6) Bandashevsky Y I (2011) Non cancer illnesses and conditions in areas of Belarus contaminated by radioactivity from the Chernobyl Accident. Chapter 3 in Busby C, Busby J and de Messiered M Eds: Proceedings of the 3rd International Conference of the European Committee on Radiation Risk, Lesvos Greece, May 5-9th 2009. Brussels: ECRR（see www.euradcom.org）

7）ICRP 勧告 Pub.111（2009 年）
8）Bandashevsky Y I（2011）Non cancer illnesses and conditions in areas of Belarus contaminated by radioactivity from the Chernobyl Accident. Chapter 3 in Busby C, Busby J and de Messiered M Eds: Proceedings of the 3rd International Conference of the European Committee on Radiation Risk, Lesvos Greece, May 5-9th 2009. Brussels: ECRR（see www.euradcom.org ）
9）Bandashevsky Y I（2011）Non cancer illnesses and conditions in areas of Belarus contaminated by radioactivity from the Chernobyl Accident. Chapter 3 in Busby C, Busby J and de Messiered M Eds: Proceedings of the 3rd International Conference of the European Committee on Radiation Risk, Lesvos Greece, May 5-9th 2009. Brussels: ECRR（see www.euradcom.org ）
10）朝日新聞 2017 年 12 月 21 日朝刊：原発から目をそらした 1986 年
11）吉岡斉『新版 原子力の社会史』（朝日新聞出版：2011 年）
12）ベラ・ベルベオークら『チェルノブイリの惨事』（緑風出版：1994 年）
13）アラ・シロシンスカヤ『チェルノブイリ極秘』（平凡社：1994 年）
14）ウラディーミル・チェルトコフ：『チェルノブイリの犯罪（上・下）』（緑風出版：2015 年）
15）カール・Z・モーガン、ケン・M・ピーターソン：『原子力開発の光と影―核開発者の証言』（昭和堂：2003 年）
16）www.foejapan.org ／ energy ／ news ／ pdf ／ 130703.pdf
17）みんなのデータサイト：www.minnanods.net ／
18）みんなのデータサイト土壌 Bq 測定調査結果については www.minnanods.net ／ soil ／
19）Vasylenko Valentyna, head of Whole Body lab in internal dosimetry department of National Research Centre for Radiation Medecine, Kyiv, Ukraine

大熊町民の声を集めるという営み

吉原直樹

■ 研究者ではなく一人の生活者として、聞き取りを

　わたしは６年間、ほぼ同じ場所で被災者の方々のお話に耳を傾けてきました。何か目的があったわけではなくて、とにかく聞くことに徹しようと思って、ずっと会津若松に通いました。研究者として入ったわけではないのです。一人のボランティアとして何ができるかを自分に問い、もしできるとしたらやはり聞き取りではないかということで、被災者の避難直後から仮設住宅に辿りつくまでの生活の状態（推移）をずっと聞いてきました。その聞き取りはおよそ体系的なものではなく、社会学者がよく口にするスノーボールサンプリングに近いもので、出会った被災者にかたっぱしから聞いていきました。

　研究者としてではなく、あくまでも一人のボランティアとして、被災者の悩み、あるいは苦しみとか喪失感とか無念さなどといったものをできるだけすくい上げることに専念してきました。

　気が付いたら500人ぐらいの方々にお話を聞いていました。ほとんどが大熊町からの被災者の方々です。最初のうちは、大熊町以外の楢葉町や双葉町や富岡町からの被災者の方々にもお話を聞いていましたが、途中からはほとんどが大熊町の方々です。そのうち大熊町の役場の方々とも知り合いになりました。社協の方々やそれ以外のいろいろな方々にもお話を聞くようになりました。意図しない結果として、聞き取りが広がっていったわけです。

　わたしはいつも心がけていることがあります。それは被災者に対して、どんなに寄り添っているように見えても、やはり外部者であるということです。被災者とわたしの間にある距離は、どん

なにあがいても縮減することはできません。だからそれをいつも忘れないようにしています。その上で被災者の言うことに耳を傾けることにしています。被災地で活動しているボランティアからは、被災者との共感とか交感などの輪を広げることがいかに重要かということをよく耳にしますが、わたしにとっては、それは至難のことのように思われます。

　もちろん、被災者のために何かやっているという意識はありません。自分が今この社会において、どういう位置にあるのか、少し大げさな言い方をすれば、世界の中の自分の立ち位置（ポジション）と言いますか、そういったことを被災者と向き合う中で確認することを大切にしたいと考えています。またそういう点で言うと、大熊町の被災者の方々とお話ができるのは非常にありがたいことだと思っています。大熊町の方々はわたしにとってまぎれもなく他者ですが、わたしを映し出してくれる「重要な他者」なのです。

　それにしても被災者の置かれている状況はあまりにも厳しすぎます。生きる権利をはく奪された状態が続いていて、それもほとんど改善されていないように見えます。

　残念なことに、今、社会全体が福島を忘れていこうとしていますが、そのことが、こうした状況を一層加速させています。わたしはこうした状況がかなり意図的につくり出されていることに、単に福島にとどまらない戦後日本の闇の部分、いわば負の回路をみることができるのではないかと考えています。広島、長崎、水俣、沖縄……。辿っていけば、この闇の部分＝負の回路がきわめてクリアに浮かび上がってきます。それはまさに高橋哲哉さんがいう「犠牲のシステム」ですね。3・11以降、何かが変わるのではないかと期待されましたが、結局、3・11以前と同じことが繰り返されています。

■ 大熊町民と向き合ってきました

　わたしは町全体の96％が帰還困難区域である大熊町に関わってきました。そしていまも関わっています。今から考えてみますと、わたしの友人が福島市に住んでいて、3・11直後、これは大変なことになったなと思い、急遽、福島市にかけつけたことが、大熊町とつながるきっかけになりました。当時、福島市はすごく線量が高かったんですね。それで、友人のことが心配で居ても立ってもいられませんでした。しかし福島に行こうにも足の便がまったく駄目でした。高速道路だめ、新幹線だめ、東北縦貫道もだめ。唯一、飛行機が一便だけ使え、福島空港に行くことができました。須賀川からは、たまたまインターネットで連絡がとれた車を乗り継いで、何とか福島市に辿りついたわけです。ところが友人とは連絡がとれず、結局、相双地区からの避難者でごった返す避難所に向かいました。とにかくわたしが今すぐできることといえば、避難所でのボランティアかなと思ったわけです。実は、その避難所で偶然、大熊町から避難されている方々に出会ったんですね。そのあと、大熊町の人たちは会津若松の仮設住宅に移動しました。それでわたしも会津若松に通うようになりました。避難した町民のうちかなりの人たちは、現在、復興公営住宅に移っています。

　その方々とは、調査というよりは、むしろボランティアとして寄り添うという形で関わってきました。今もわたしはほぼ隔週で会津若松に通っていますが、基本的には「聞く」というボランティア活動に専念しています。

■ 権力との「対話」と「対峙」の中で

　ところで、そうした「聞く」ことを可能にしたのは、日本学術

振興会の科学研究費(挑戦的萌芽)でした。それを使いながら会津若松に通い、聞き取りを継続しています。したがって先ほど述べたことと矛盾するかもしれませんが、頭はボランティア、足は研究(科研費)という奇妙な状態が続いています。ここでもうひとつ言っておきますと、わたしは日本学術会議の社会学委員会に、連携会員として加わっています。そして社会学委員会の下に組織されている「東日本大震災の被害構造と日本社会の再建の道を探る分科会」の責任者をつとめています[※1]。分科会は、政府に対して提言とか報告を行うことになっています。 そういうことで、内閣府に従属するわけではないのですが、完全に自由な立場ではありません。それなりの制約があります。そうした状況下でできることをやってみようといろいろ苦労しています。分科会として内閣府と協議するために担当者に申し出てもなかなか実現しません。何カ月か経ってやっと実現したというのが実状です。しかもやっと会えたかと思えば、細部にわたる聞き取りはほとんど不可能であるといった具合です。 ちなみに、日本学術会議についていうと、近年、その様変わりが顕著に立ちあらわれているような気がします。かつての学術会議はそのときどきの権力のありように対して「距離を置いた」議論をしていました。ところが最近は、軍事研究を事実上容認し、防衛省のようなところから研究資金を受け取る人も出てきています。そういう状況に対して警鐘を鳴らすような意見も学術会議の内部から出ていますが、なかなか、全体の意見にはならないようです。先ほどの保健物理学会のような学術団体も少なくありません。社会学はよく目の敵にされますね。「あいつらは批判的なことしかいわない」と。

　だからわたしたちはそういう状況の中にあって、非常に緊張

※1　この分科会は 2017 年 9 月に終わり、同年 10 月より新たに「東日本大震災後の社会的モニタリングと復興の課題検討分科会」が立ち上がった。

感を持って議論を行っています。これはある意味で鍛えられます。在野で、市民運動を行うのとは違った意味で鍛えられますね。近々、分科会では報告を出しますが[※2)]、これも幹事会で厳しい意見にさらされると思います。でもそういう中で何とかまとめてみたいと考えています。

■ 「放射能まみれの町に帰れ」と言う政府と町

さてこれから大熊町を詳しく見ていきます。図1を見てください。福島第一原発と大熊町です。

同図を見ていただければおわかりのように、大熊町は左側の山

図1　大熊町の位置図

出所）山本俊明『中間貯蔵施設と"帰還幻想"』
（『世界』861、2014年、175頁）より引用

※2　2017年9月15日、報告「多様で持続可能な復興を実現するために―政策課題と社会学の果たすべき役割―」を公表。

写真1 大川原地区の復興拠点現場（撮影者、吉原）

間部を除けば、ほとんど帰還困難区域であり、居住制限区域はほんのわずかばかりです。実は今、その一角の大川原地区を中心にして開発が進められています。

　ここを拠点にして、町は国―県が主導するイノベーションコースト構想に導かれるようにして、廃炉、除染、ロボット開発などに関する新産業を育成しようとしています。そこに町の連絡事務所も置かれている。そして、町は被災者に対して戻りましょうと言っています。実際に現地を訪れてみると、大手ディベロッパーの現地事務所が軒を連ねて建っており、そこを各種ヘルメットを被った作業員が忙しく行き交っているのがわかります（写真1）。

　ご存じのように大熊町では中間貯蔵施設の立地が予定されています[※3]。今後、紆余曲折はあるでしょうが、いずれ立地されると思います。そうなると、立地に伴ってさらに一定の線量に見舞われることになるのですから、大熊町にはますます帰れなくなる

※3　2017年10月28日、中間貯蔵施設は大熊町において本格稼働することになった。

第一部　大熊町民の声を集めるという営み

のではないでしょうか。それなのに政府や町は帰りましょうと言っています。

■ 上からの帰還政策を問う

　今、政府と町は帰還を上から強行する形で推し進めています。今春（2017年）、3月31日に飯舘村、川俣町山木屋地区、浪江町、4月1日に富岡町の避難指示解除準備区域が解除されました。しかし帰還困難区域は解除から外されています。

　ここで政府は実に巧妙なやり方をしています。避難指示解除準備区域の解除をめぐって、被災地の住民を集めて事前に説明会を開催しています。その時に被災者からいろいろな意見が出されました。説明会に出た人の話では、避難指示解除準備区域の解除に賛成するひとは5％くらいで、ほとんどの方は時期尚早である、つまり「今、急いでやらなくていいんじゃないか」という意見だったようです。ところがそれを押し切ってしまったわけです。つまり結論ありきの説明会を被災者の意見を聞くという形にして開催したのです。

　先ほど富岡町の住民意向調査の話がありましたが、大熊町の住民意向調査でも帰りたいという方は圧倒的にマイナーです。そういうことから考えれば、今、国や町が進めている帰還政策は明らかに住民の意向からそれています。完全に無視しているわけですね。なりふりかまわないそのスタンスは異常とさえ感じられます。国の言い分によると、多数決の原理にのっとってできるだけ多くの人の意見を聞かないといけない。そしてそのことが公平性、平等性を担保するために必要であるという。

　そうだとすると多数派の意見を採用するはずですが、実際には、それとは真逆のことを行っている。つまり少数派の意向を優先するということになっています。たしかに多数決の原理は少数派の

意見を取り入れてこそ有効に機能するわけですが、国のやっていることは多数決主義の完全なすり替えですね。

　繰り返しになりますが、避難指示解除準備区域の解除を行うにあたって、住民の意見を聞くとか、住民の意向調査を実施するなどといったことがなされていますが、それらは名目にすぎません。最初から何月何日に避難指示解除準備区域の解除を行うということを決めているわけで、そういう意味ではまったく出来レースですね。

　さてここであらためて注目したいのは、避難指示解除準備区域の解除と賠償・補償の打ち切りがセットになっていることです。実際の打ち切りは一年後ということになっていますが、確実に賠償・補償を止めるつもりですね。実はその背後に東電を何とかして残したいという国の意図が見え隠れしています。いろいろな動きでそのことがわかります。

■　まず東電存続ありき

　先ほど大沼さんの話の中で特措法のことが出されました。除染費用は基本的には国が一時的に立て替えて、その後に東電に請求することになっています。が、実際はそうなっていません。

　特にここに来て、国は帰還困難区域の除染もやると言い出しました。ちなみに、大熊町ではすでにやっています。注目したいのは、そうした除染を復興まちづくりの一環として町主導でやろうとしていることです。結果的に東電が除染に対して責任を取らないということになっています。

　東電の事業の一つとして送配電事業があります。当然、利益が出てきますが、その利益を廃炉にあてるというのが、このところ非常にはっきりしてきています。利益があがれば本来は利用者に還元すべきです。その分、電気料金を下げるべきです。ところが

それを廃炉事業にあてようとしている。そこからわかることは、東電の責任を追及するのではなく、むしろ曖昧にする姿勢が明確に立ちあらわれていることです。

　これと裏表をなして立ちあらわれているのが自己責任論です。辞任した今村元復興相が、自己責任論を展開して物議を醸しましたが、そこには国の本音が見え隠れしていました。それは国の自主避難者（区域外避難者）の対応によくあらわれています。

　国は自主避難者に対して不誠実としか言いようのない二者択一を迫っています。一つは放射能への不安、被曝の恐れを投げ捨てて帰還する。もう一つは家賃を自己負担して避難を続けるというものです。この二つしか与えていないんですね。そしてそのどちらかを選択しろというわけです。避難者にとってこれは不毛の選択です。

　結局、第一の道を強制することになっています。現実にこうした方向づけがどんどん進んでいます。わたしから見れば、これは避難者を分断するやり方です。そしてメディアはと言えば、国が推し進める帰還を後押しするかのように一時帰宅や短期宿泊を大々的に取り上げています。

　こうした国による帰還強制、メディアによる帰還誘導は、自主避難者の間に分断を持ち込んでいます。今、自主避難者の間では、非常に深刻な二極化が生じています。毎日新聞が2017年4月13日に配信したWebでは、「自主避難者の間でも避難先で生活を再建できた世帯と家賃を払えず途方に暮れる世帯との二極化」が見られると報じています。これに対して、国は自己責任論を振りかざすだけで、事実上頬っかむりしています。

　先ほどのお話にも出ていましたが、愛知県に何らかの対処を求めても、県も避難先の自治体も「支援終了です」とその一言しか言わない。この例からもわかると思いますが、これから自主避難者の間ですさまじい棄民化が進むのではないかと考えられます。

■ 避難者を貶めるわたしたちの社会

　わたしがさらに危惧するのは、これから避難者バッシングが始まるのではないかということです。国は東電を免責して、賠償にしても補償にしてもこれまで以上に国民に負担させる方針を暗に打ち出しています。

　そのためには、避難者をバッシングする必要がある。国はメディアを動員して容易にキャンペーンを行うことができる。そうすると原発事故被災者への風当たりが強まると思われます。その点でまた、2020年開催の東京オリンピックは、今、指摘した原発事故被災者に対するバッシングを正当化する格好の政治的イベントになるのではないでしょうか。

　明らかに東電を免責するという政府の意図が感じ取れる例は、あげればいくらでもありますが、その端的な例は電気料金の高止まりを容認していることです。

　「フクシマを早く忘れてしまおうよ。東京オリンピックもあるのだから」。そんな声がどんどん拡がっています。これから「被災者隠し」が急速に進んでいくのではないかと考えられます。

■ 復興のお金を得るために自治体を残す

　他方、被災地自治体では、国の支援終了を見据えて、異常ともいえる復興補助金の使い方が見られます。一体、どのようなことが起きているのでしょうか。

　今、被災地自治体には、復興補助金として巨額の資金が出回っています。どの自治体ももらえるものはもらってしまえというスタンスをとっています。信じられないほどのお金が入ってきています。そして補助金の獲得競争が起きています。どの自治体も補

助金を獲得することに血眼になっています。

　それでは補助金はどう使われているのであろうか。たとえば大熊町では、新しい立派な庁舎の建設に充当されようとしています。大熊町のこの方針に異議を唱える議員もいますが、この議員は議会でまったく孤立しています。

　とにかくハコモノと産業用インフラの整備に莫大な復興補助金を投じようとしています。ところがほとんどの被災者はもとの町には戻らない。先にも触れたように、大熊町では、イノベーションコースト構想に沿う形で、大川原地区を復興開発拠点にし、そこに廃炉産業、ロボット産業等を集積させようとしています。

　そこには作業員や東電の社員が住むことになっています。東電などのすばらしい宿舎がすでにできています。けれども生活必需品の水は汚染されていて使えない。水は外から運ばなければなりません。だから外から通うことにならざるを得ない。

　自治体を形だけ残していく。そのために膨大な復興補助金をつぎ込む。文字どおり「作業員の町」になっていく。そこには生活者の姿は見えません。息吹は伝わってきません。

　大熊町の庁舎は2019年4月に町に戻ることになっています。それとともに「町職員も町に帰りなさい」と言われています。しかし聞くところによると、ほとんどの職員は町外から通うと言っています。

　それは当たり前です。若い人は辞めて行きます。こんなところに居ても仕方がないと。子どもの命は守れない。他方、これは他の町の話ですが、町に帰らない職員は昇給をストップするなど、いろいろなことを言い出すわけです。

　イノベーションコースト構想も矛盾だらけです。それは被災地である浜通りを中心に廃炉産業、ロボット産業等を集積させることによって福島を再生させようとするものです。ここで想起されるのは、かつて鳴り物入りでなされた企業誘致のことです。それ

は今から考えると、必ずしも成功したとは言えませんが、雇用効果について議論されたことはたしかです。イノベーションコースト構想ではそれができないんですね。立地する企業もどれだけの社員を配置できるか、わからないのです。進出先がこれからどうなるか予想もつかないわけですから。赴任を強制すると大変なことになります。国は廃炉を前提にして誘致を進めていますが、見通しがまったく立っていないのです。

　ただ県はそのための補助金を設けて、積極的に誘導を行っています。そして当該の自治体は渡りに船とイノベーションコースト構想に乗っかっています。

■　廃炉？　無理だという声が聞こえてくる

　ところが最近、廃炉は無理なんじゃないかという声が出てきています。地元でも30年、場合によっては50年以上かかるだろうという声が聞かれます。デブリがどこにあるかまったくわからない。そんなところで廃炉なんてできるのだろうか。

　逆に、廃炉の議論を棚上げにしようという話も出てきています。国の中にもそんな声があると聞いています。廃炉はとりあえずペンディングにしてチェルノブイリと同じように石棺化してはどうかという話がちらほら出ていますね。

　それからわたしが注目しているのは、放射能をできるだけ希釈化して海に流そうという案です。どこから出ているのかよくわかりませんが、それは非常にリスクがありますね。なぜかと言うと海に流すと放射能が拡散するだけでなく、補償の問題がすごく複雑になってきます。大熊、双葉、浜通りだけの問題にとどまらず、太平洋沿岸全体の問題になってきます。だからこれも無理だと思うんです。結局、石棺化に落ち着くのかなと思います。

　先ほど、中間貯蔵施設について言及しました。消去法というこ

とになるのでしょうが、中間貯蔵施設によって放射能を大熊、双葉、あるいはその周辺に封じ込めてしまうしかないという人もいます。でもこれもなかなか厳しいものがあります。このところメディアは、中間貯蔵施設について以前ほど報道しなくなりました。地元の福島民報、福島民友を見ておりますと、「皆さん帰りましょう」という呼びかけに終始しています。メディア自体、方向が見えなくなっているのかもしれません。そうした中で一番大きな問題は、被災者の権利がないがしろにされていることです。今、そういう状況になっています。

■ コミュニティはあったのか

　わたしはずっと被災者コミュニティを見てきました。特に地域コミュニティといわれる自治会を見てきました。被災者コミュニティについては、国交省がいち早く手をつけています。被災直後に国交省は、被災地の自治体に対して、昔のコミュニティを活かすように通達を出しています。わたしはこれは震災直後の対応としてはある意味、合理的な判断だったのではないかと思います。ただ国がいう「元のコミュニティ」や「従前のコミュニティ」は本当にあるのだろうかなと感じていました。

　いろいろな方のお話を伺っていると、3・11以前にすでに「元のコミュニティ」、「従前のコミュニティ」は壊れていたのではないかと考えられます。

　原発の立地以降、地域に原発に依存する受益体制ができあがっているんですね。それとともに昔からの集団意識が希薄になっています。ちなみに、わたしは3・11直後に福島県立図書館で大熊町議会の議事録を最初から読みました。そしてかなり早い時期に議会で集落の維持が困難になっていることが大きな争点となっていることを知りました。だから「元のコミュニティ」「従前の

コミュニティ」を維持しようとしても、かなり無理があるのではないかと思いました。幻想とまでは言えないにしても、少なくともリアリティのある方策とは思えませんでした。ところが、大熊町は現にそれを進めて行こうとしています。

　阪神淡路大震災においてコミュニティは高齢者の孤立に対して非常に有効に機能したといわれています。それは重要なことだと思います。でも、わたしたちが見ている自治会はどうなのでしょうか。

　大熊町の場合、コミュニティは事実上、旧の行政区コミュニティです。旧の字を引き継ぐ形で、行政区ができ、それがコミュニティへと再編されています。つまり行政区を単位とするコミュニティが存続してきたわけです。

　今回の震災では、「絆」ということが随分言われました。わたしが知るかぎり、阪神淡路大震災のときにはこうした絆フィーバーは見られませんでした。ところが東北ではこれがすごい波及力を持ちました。

　たとえば、この絆に関連してこの間、「ゆい」が引き合いに出されることが多かったように思います。わたしは「ゆい」が「生活の共同」において非常に重要な役割を果たしてきたことを否定するものではありません。かつて東北大学に在籍していたときに、院生とともに宮城県の大崎地区で「ゆい」の調査をしたことがあります。そして、そこにコモンズの原型のようなものを見出してとても感激しました。しかし今は、「ゆい」を過剰に「読む」ことは避けたいと考えています。

■　絆で見えなくなる現実

　聞き取りによると、大熊町では「ゆい」は、3・11以前の段階でかなり衰微しています。それにはやはり原発の立地が大きいで

すね。先に述べたように、原発の立地にともなう受益体制の確立とともに、町民の個人化がいち早く進んだと考えられます。

3・11 直後、いろいろな方々に「あなたがたはどういう避難をされましたか？」と聞きました。するとかなり多くの人が自家用車で逃げているんです。そこで「どなたと逃げましたか？」と聞いたところ、ほとんどの方が「家族、親戚と逃げた」と言うんです。同時に「区長さん、班長さん、消防団の誘導がありましたか？」と聞いたんですが、「ほとんどなかった」という答えでした。こうしたことから考えると、本来の集落意識はすでになかったわけです。

ただ、わたしがあちこちでこういうことを言うと、「そんなことはない」という反論が数多く寄せられました。「いや、あそこは消防団が頑張っていた。特に津波のときにそうだった」というような話が返ってきました。消防団員や警察官の献身的な行動がよく取り上げられます。しかしわたしの聞き取りでは、そのようなことはありませんでした。

実は相双地区の 12 市町村では、3・11 以前の 20 年間、毎年輪番で原子力防災訓練を国および県と共催で実施してきました。1 年に一回ですが、15 回目、20 回目の防災訓練では、電源喪失を想定した避難訓練も行っています。

ところが 3・11 では過去の防災訓練が全然役に立たなかったんです。何のことはない、みんないち早く逃げているのです。個人化が進んでいるところでは、これは当然予測されたことではあるかもしれませんが。わたしはこの場合、避難訓練が（上からの）動員型であったことも関連があるのではないかと考えています。

いずれにせよ、行政区コミュニティはあるけどなかったんですよ。つまり機能していないわけですね。わたしはそういうものを前提にした自治会には懐疑的です。もちろん、その存在自体を否定するわけではありませんが。

実際に、そうした自治会で聞き取りを行いました。会津若松には大熊町の仮設住宅が12あって、それぞれに自治会がありました。それらの自治会がどのようにして作られたかと聞くと、ほとんどは行政主導で組織されたものでした。それでは自治会長はどのようにして決まったのか聞いてみますと、ほぼ全員が元区長か元副区長であり、行政が指名しているんですね。もちろんそれがすべて問題だというわけではありません。ある意味、緊急時には仕方ない面もありました。

■　これまでの自治会　そしてサロンというあり方

　それでは自治会はどういう役割を果たしているのか。聞き取りからは、いろいろな課題が見えてきます。被災者の場合、生活を再建するためには、賠償・補償は死活問題です。それでは、この賠償・補償問題に対して自治会はどういう役割を果たしているのか。ほとんど何もしていないことがわかりました。国が賠償や補償について決めたことを一方的に降ろしてくる。つまり自治会が行政末端組織になっているわけです。
　こうして上からの施策の遂行を末端で支えるが、被災者の日々のニーズを吸い上げる機能はほとんど果たしていない。自治会は上からの指示を下に降ろしていく日常的な媒体組織なんです。そういう点で自治会は必ずしも住民のものとして機能しているわけではありません。だから被災者たちもあまり期待しない。結果的に人がだんだん離れていくことになるのです。
　そういう中でわたしが注目しているのがサロンです。このサロンは今述べた自治会の中から立ち現れたものです。サロンは非常に興味深い組織です。
　先ほどお話ししました12の自治会は、行政区ごとにまとまって入居している被災者たちによって構成されています。だから、

野上一区とか夫沢区などの行政区から避難してきた人たちのかたまりができています。みんな、顔見知りの人たちなのです。だからそこでできあがるものは同質的なコミュニティになりがちです。ある意味、日々の生活を送っていくには便利かもしれませんが、同時に行政的起用やマニュアル化が進みます。

ところがサロンが現れた自治会は、先の12の自治会の中ではかなり異質な構成となっています。ここにはいろいろなところから来た人、つまり行政区が別々の人たちが集まっています。みんな最初から知らない人たちばかりなんです。だから同質性というような形ではとても括れない。そこでの出会いが新しい共同性をつくりだす。

日本のコミュニティはどちらかというと同質性志向が強く、馴れ合いになりがちです。が、サロンは、そうした点で新しい構成原理にもとづいているといえます。

実は今、仮設住宅の自治会は、急速になくなっています。表1を見てください。仮設住宅の閉鎖とともに、自治会は半数近くになっています。さらに、それを統合しようという話が進んでいます。最終的には1つになると言われています。そうすると、仮設住宅にお住まいの方で行き場のない人が出てきます。実際、家族からも地域からも取り残された人たち、そして高齢の独居老人

表1 大熊町仮設住宅（会津若松地区）入居戸数の推移

仮設住宅	建設戸数	入居戸数 2012年12月末	2013年12月末	2014年12月末	2015年12月末	2016年12月末	自治会結成年月	備考
河東学園	83（2011年5月）	65	54	43	32	0	2011年7月	2016年11月30日閉鎖
扇町1号公園	82（2011年5月）	79	66	63	58	36	2011年8月	
亀公園	30（2011年5月）	25	21	20	15	0	2011年7月	2016年12月31日閉鎖
松長近隣	249（2011年7月）	191	163	146	86	51	2011年7月	
松長5号	19（2011年6月）	18	15	11	9	8	2011年8月	
みどり公園	18（2011年6月）	15	13	13	6	0	2011年8月	2016年12月31日閉鎖
東部公園	50（2011年5月）	45	38	39	16	0	2011年5月	2016年12月31日閉鎖
扇町5号公園	13（2011年6月）	13	12	8	9	0	2011年8月	2016年11月30日閉鎖
第二中学校西	26（2011年6月）	18	16	13	16	10	2011年8月	
城北小学校北	54（2011年8月）	50	46	39	0	0	2011年11月	2015年5月31日閉鎖
河東町金盛地区	27（2011年10月）	17	17	14	17	9	2011年12月	
一貫町長原地区	172（2011年11月）	119	107	106	89	43	2011年12月	
合　計	825	655	568	515	353	157		

注）表中、建設戸数の後の（　）内の年月は完成年月を示す。
出所）大熊町生活支援課資料及びヒアリング結果より作成。

が増えています。そういう人たちが残っている仮設住宅でかろうじて生活をしています。

　わたしはこれまで主に仮設住宅の人々のコミュニティを見てきました。同時に借り上げ住宅、みなし仮設住宅に住んでおられる方々にも話を聞いてきました。この人たちは一言でいうとフットワークが軽いのです。もともと自治会はどうも、という人が多いんです。自治会を超えていろいろな人と交わりたいと言っています。実はそういう人たちが結構、頑張っています。特に女性が頑張っています。この人たちは旧来の自治会ではなく、勝手気ままに集まるゆるやかな組織を拠点にしてさまざまな活動を行っています。この人たちをどう捉えるかが、重要になってきています。

　先に述べたように、仮設住宅の自治会には非常に強い同質性があります。それに対して、今、取り上げた人たちの紐帯(ちゅうたい)は非常に弱い。だが弱い紐帯だからこそ集まりやすいわけですね。

■　孤立化する被災者

　繰り返しになりますが、今、仮設住宅に住んでいる人たちはどんどん減っています。そして、仮設住宅に代わって避難者向け住宅として登場したのが、復興公営住宅ですが、建設が非常に遅れ、入居開始時期がすごくずれました。はじめは平成27年度にはすべて完成すると言われていましたが、平成29年度にずれ込んでいます。まだできていないところもあります。

　しかも復興公営住宅はもう一つ人気がないようです。相双地区から避難している方々は一軒家の大きな広い家に住んでいた方が多いんです。だから復興公営住宅に移る場合、どうしても広い居住スペースを求めがちです。

　ところがそれはそれでまた問題が出てきます。仮設住宅のときは居間から向かい側の玄関がよく見えた。そういう構造になって

いました。復興公営住宅の場合、広くなった分、近隣との関係がマンションのように疎遠になる。そのためかえって孤立感を深め、生活が見通せなくなる。それから集合住宅の場合、どうしても3階建て、4階建てになります。そうするとそこにバリアができるのです。特に高齢者の場合、日常生活に支障をきたすようになります。そういう構造的な問題がすでに生じています。だから復興公営住宅はこれからどうなるのか大いに危惧されます。

さらに復興公営住宅では家族と疎遠になっている方が多い。役場の方と話していて驚いたんですが、復興公営住宅が「吹きだまりになっている」と言うのです。行き場のない人がそこに沈殿しているという認識なんだと思います。役場の側からすれば、賠償金、補償金を積み立てて、新たな住宅建設の資金にしている人がいるのに、この人たちはどうしようもないということになるのでしょう。

なお県は、復興公営住宅の住民の実態調査をやる予定だと聞いておりますが、その後どうなったかは把握しておりません。ちなみに、復興公営住宅にも自治会ができていますが、ここも指摘されるような問題に必ずしもうまく対応できていないようです。最後に、こうした状況を踏まえながら、大熊町のコミュニティ施策がどうなっているのかを簡単に見ておきましょう。

■ 多様な絆づくりが大切

大熊町では、コミュニティ施策として絆補助金制度を設けています。これは一言でいうと行政サイドから、かつての行政区コミュニティを取り戻そうとする施策です。　そこでは行政区に対する活動支援が強く謳われていますが、内容的にはかなり限定されたものになっています。事実上、区の総会や懇親会を開催する際の費用の補てんに留まっています。

表2 行政区別絆維持補助金支出状況　　　　　　　　　　　（単位：円）

行政区	配分額(a)	支出額 総額（b）		支出額 総会懇親会費（c）	
中屋敷区	1,390,000	336,668	(24.2)	296,070	(87.9)
野上1区	3,040,000	301,643	(9.9)	301,643	(100.0)
野上2区	4,330,000	1,293,843	(29.9)	577,298	(44.6)
下野上1区	7,060,000	2,773,237	(39.3)	1,520,670	(54.8)
下野上2区	7,570,000	678,148	(9.0)	639,574	(94.3)
下野上3区	6,430,000	2,582,398	(40.2)	1,130,226	(43.7)
大野1区	6,790,000	1,533,861	(22.6)	822,722	(53.6)
大野2区	6,550,000	851,242	(13.0)	851,242	(100.0)
大川原1区	3,010,000	255,864	(8.5)	255,000	(99.7)
大川原2区	2,290,000	663,667	(29.0)	658,255	(99.2)
熊1区	10,120,000	3,309,440	(32.7)	1,843,790	(55.7)
熊2区	5,740,000	1,332,488	(23.2)	1,077,332	(80.9)
熊3区	9,700,000	1,731,953	(17.9)	1,348,694	(77.9)
町区	4,000,000	1,903,559	(47.6)	1,503,559	(79.0)
熊川区	5,620,000	1,192,184	(21.2)	470,000	(39.4)
野馬形区	5,290,000	1,941,472	(36.7)	1,126,795	(58.0)
小入野区	2,380,000	892,573	(37.5)	892,573	(100.0)
大和久区	9,280,000	3,165,079	(34.1)	2,234,751	(70.6)
夫沢1区	3,670,000	1,030,559	(28.1)	609,695	(59.2)
夫沢2区	2,920,000	569,274	(19.5)	569,274	(100.0)
夫沢3区	4,810,000	1,450,339	(30.2)	1,450,339	(100.0)
合計	111,990,000	29,789,491	(26.6)	20,179,502	(67.7)

注1）支出額総額の後の（　）内の数値は対配分額比（b/a）を示す。
　2）支出額総会懇親会費の後の（　）内の数値は対総額比（c/b）を示す。
出所）大熊町生活支援課資料より作成.

　表2を見ると、3年間で1億1000万円の基金が設けられ、これを各区に割り当てています。主に地域内交流に充てられていますが、参加している人はきわめて少ない。県外に避難している方には、話が届いてもなかなか参加しづらい。助成の平等性にも問題があります。ということで、補助金の正当性が問われています。
　結局、行政区コミュニティを復活させ、町を維持したいという行政の意図が見え見えであると言わざるを得ません。もちろん絆補助金が地域内交流を推し進める可能性を秘めていることは否定

できません。ただコミュニティ施策としてみた場合に、以上のような問題があるわけです。
　わたしは帰る人もいていいと思います。住民意向調査によると帰らないとしても何らの形で元の町と関係を持ちたいという人がかなりいます。そういう人々の意向も尊重すべきだ、と思います。分断とか選別とかではなく、避難者個々の多様性を認めて、さまざまな人々の意見を吸い上げていくようなコミュニティ施策を考えていく必要があるのではないでしょうか。

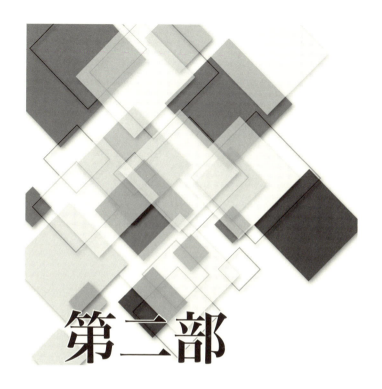

第二部

【対談】福島原発被曝地の現状と未来

大沼淳一 × 吉原直樹

放射性物質は集中管理が原則

■ 放射能汚染したあらゆるものが燃やされている

大沼　原子炉等規制法によれば、1kg当たり100Bqを超えると放射性物質としてドラム缶に入れて、厳重に保管しなければなりません。しかし、福島原発事故が起きて放射能汚染対策特別措置法（以下、特措法と略）ができて、8000Bq未満の放射性ゴミは普通ゴミとして焼却などの処分をしてかまわないことにされてしまいました。国立環境研の調査で、ゴミ焼却工場の排煙処理に使われているバグフィルターが放射性セシウムを99.9％除去できたと政府は言い訳しました。しかし、市民側からのバグフィルターの欠陥についての反論に十分には答えられていません。また、バグフィルターがついていなくて電気集塵機だけのごみ焼却工場も平気で運転を続けています。バイオマス発電所がいわき市や南相馬市などで稼働し、汚染した木材チップが燃やされています。まして、排煙処理装置のついていない薪ストーブなどは放射能の再拡散装置と化していると思われます。あのダイオキシン騒動の時は、学校や町工場の焼却炉やたき火に至るまで、閉鎖されたことと比べると大違いです。

　しかも、原子炉等規制法は生きていて、福島原発事故由来以外の放射能汚染物については100Bq規制が続いています。まさに80倍もの差が付いたダブルスタンダードがまかり通っているのです。

■ 8000Bq超は申請したら指定廃棄物

大沼　福島県以外の8000Bq超廃棄物は、自治体が手を挙げる

と指定廃棄物として国が責任をもって処理するとしています。1県に1カ所ずつ保管施設を建設する計画でした。宮城県と栃木県で保管施設候補地にされた加美町と塩谷町では、町長をはじめとして町を挙げての反対運動が展開されています。宮城県知事は汚染した農業資材や牧草を強引に焼却しようとしていますが、市町村長会を説得できずに頓挫しています。千葉県では、千葉市の臨海部の東電用地に計画されましたが、千葉市民の反対で止まっています。岩手県は手を挙げず、一関市などは一般ごみに混ぜて燃やしてしまっています。指定廃棄物になると保管施設問題で住民の反対にあって頓挫することを恐れての強行かと思われます。

　塩谷町長は指定廃棄物は事故を起こした原発の敷地内で保管するべきだと言い、加美町長は飯舘村の蕨平に国が設置した大型の仮設焼却炉で簡単に処分できると言明しました。これに対して福島県内から「俺たちにこれ以上、放射能を押し付けるのか」との抗議の声が上がっているのですが、まったくおかしいと思います。放射性物質は拡散させずに集中管理が原則です。100年間は人が住めなくなった帰還困難区域が337km²もあるのですから、そこに隔離保管するべきなのです。まして、環境省が画策している汚染土壌の土木工事への再利用などとんでもないことです。

■ 自治体を残すことが大前提
　　──住民主体ではなくお金が第一

吉原　確認したわけではないのですが、いろいろな方に聞いたところでは、被災地自治体は今までどおりに行政区域を残したいという考えのようですね。だから他の自治体が拒否するようなものが来ると残すための正当性が得られなくなるんです。町民、被災者を守るというのではなく、あくまでも行政区域を存続させたいというのが本音なのではないでしょうか。そこのところが住民か

らすれば釈然としません。

　ただ、メディアの報じ方も問題がありますね。あたかも被災者がそう主張しているかのように報道しています。あるいは、自治体のトップの意向を忖度しながらそのように報じているのでしょうか。今、復興補助金がものすごい勢いで入ってきています。だからそれをとにかく切られたくないということもあって、自治体を残すための算段をしているんじゃないでしょうか。どうも被災者がそこまで強く考えているとは思えないんです。

■　このごみをどうするか
　　——帰還困難区域はもう捨てるしかない

大沼　もう少しごみの話をしますと、環境省の試算で1kg当たり8000Bq以上のごみは2600万tです。政府はそれを大熊町と双葉町にまたがったところに中間貯蔵施設を造って運びこみ、30年後にどこか県外に運び出すというできもしない約束をしています。

　しかし、たった16k㎡の土地買収が進んでいません。仮置き場がいっぱいなので、フレコンバッグに入った汚染物は仮仮置き場に置いたままです。野積みになっているので風化して破れる、大水が出たときに流失するということがすでに起こっています。

　福島県以外の分を加えて指定廃棄物の総量が約2800万tとして、これを保管する場所の必要面積は300ha（＝3k㎡）程度です。これは福島第2原発の敷地面積で十分足りています。福島県外の汚染物を拒否する理由はまったくありません。

　ただし、私たちが何とかしてほしいのは8000Bq以上ではなく、100Bq以上の原子炉等規制法に定められた放射性物質の除去と隔離保管です。空間線量率からみた汚染度とその面積の関係を調べてみると2次曲線になることがわかりましたので、この曲線

の方程式から除染廃棄物量をおおまかに推定して、それを保管するために必要な土地面積を計算してみました。すると、100Bq／kg 超の廃棄物量は 8000Bq／kg 超の廃棄物量の 400 倍となり、保管処分に 1000k㎡必要、同様に 500Bq／kg 超なら廃棄物量は 40 倍となり 100k㎡、1000Bq／kg 超なら 20 倍となり、50k㎡となりました。すでに述べたように、帰還困難区域 337k㎡を保管場所とするなら、500Bq 超までの除染廃棄物を受け入れることができることになります。ちなみにチェルノブイリ事故では、3700k㎡が立ち入り禁止ゾーンとされて、今日に至っています。

　もう一つ、吉原さんに聞きたいのは、健康被害の問題です。福島県は無論のこと、福島県以外でも汚染の酷いところに住んでいらっしゃる方は、手ひどい初期被曝をしています。たとえば、飯舘村は避難が遅れて 7 月まで居続けた人々がいます。それに、長崎大学の山下俊一氏が「笑って暮らせば放射能は大丈夫」みたいな講演をしたために、せっかく避難した人がまた村へ帰ってきてしまったというようなこともあったそうです。しかも 3 月 20 日に飯舘村の水道水から、ヨウ素 131 が 1 リットルあたり 960Bq 検出されています。放射性プルームが来たのは 15 日です。その間、村民はその水を飲まされていたのです。事故直後の菜っ葉類のデータは 1kg 当たり何万〜何十万 Bq です。少なからぬ人々はそれを食べていたものと思われます。飯舘の水道は 21 日にやっと止まりました。

　だから初期被曝がもたらす健康被害は必ずあると思います。現時点でその人たちへのケアはまったく行われていません。広島、長崎のように被爆者手帳、今回は被曝者手帳を出して、子どもだけじゃなく大人も無料の定期検診と治療が一生涯保障されるべきです。

■ 聞く耳を持たない政府

吉原　学術会議の分科会の委員長を舩橋俊晴さんが務めていたとき、わたしは副委員長でした。その時、「第三の道」とともに被曝者手帳の交付を提言しているんです。なぜかと言うと、将来、健康被害の問題が出てきたとき、被災者のそれまでの健康状態を記録したものが必要になります。わたしたちは被災者の将来の生活を保障するために被曝者手帳が必要だと主張したんです。ところがこれはまったく無視されています。この間も内閣府の担当者に対してヒアリングを行ったのですが、そのとき、「二重住民票、それから第三の道はどう読んでくれましたか？」「被曝者手帳はどうなっていますか？」と聞きました。

それに対して「一応、提言を読むことは読みました」という答えが返ってきました。学術会議は内閣総理大臣の所管です。だからわれわれが提言したら、いつでも読んでもらえることになっていますが、内閣府の担当者はわれわれの質問に対しては、「いや、特措法があるんじゃないですか」と切り返してきました。でも特措法は10年で終わると聞いています。そうするとあと4年しかありません。

だから被災自治体も、被曝者手帳の交付についてもっと強く主張すべきだと思いますが、どうもそういうふうにはなっていないようです。

■ 自治体を残すもう一つの選択肢

吉原　二重の住民票についても、提言のなかで認めるべきだと強く主張しました。これも内閣府は読んでいるようですが、わたしたちには、「住民票なんて二カ所で出すなんてありえない。そん

なことをすれば、地方自治法に抵触する」といった総務省見解なるものが伝えられてきました。それでは、「地方自治法を改正すればいいのではないですか」と提言したんですが、まったく聞いてもらえませんでした。

　学術会議の内部からも異論が出されました。政治学や行政学の分野から「また社会学が素人の議論をしている」などと言われました。でもわたしたちの主張は、その後、別の分科会で二重の地位という形で議論されています。

■　すでに6年、戻るしかないのか

大沼　二重住民票はなかなか良いアイディアだったと思います。2016年12月に飯舘村の酪農家・長谷川健一さんにお会いしました。長谷川さんは菅野典雄村長の盟友だった方ですが、今は袂を分かっています。その長谷川さんに「今だからこそみんなが避難してどっかに新しい村をつくることを考えませんか？」とたずねました。そうすると言下に「もう遅い。ありえない」と答えられました。長谷川さんは「息子たちは避難先で経済基盤も確立している」、そして「自分は戻る」と言うのです。

　長谷川さんは60代前半だったかと思います。なぜ戻るかと言うと、どこへも行き場のない年寄りたちが戻る。その人たちをケアする施設がない。被曝のことを考えると若い人が介護の仕事に従事するわけにもいかない。だから「オレは青年団長として帰るんだ」と言っていました。そういう悲愴な決意の人がお年寄りを支えるということになっているのです。故郷に帰るしか選択肢のないお年寄りの思いを政府は悪用しているのです。

　二重住民票を作れば、今のところは住めなくても、100年後に子孫が飯舘村に戻れるという希望を残すことができます。とても良いアイディアだと思います。それが今のところ、できていない

ということですね。

■ 石棺しかない

大沼　多くの住民が帰還したくない理由の中には、事故炉が今でも放射能を放出し、溶融デブリが原因で再び大変なことになりはしないかという危惧があるようです。政府が廃炉の方針の中で石棺に言及したとたんに、地元から猛烈な反対論が出て、石棺の文言は削除されてしまいました。しかし、事故炉の石棺化は唯一無二の方策だと思います。原子力市民委員会も石棺を提案しています。そもそも、地元福島からの反論というのがどこからどういう根拠でなされているのかを吟味する必要があります。

　今のままで廃炉作業を強行することは無謀極まりないです。溶融デブリがどこにあるかもわからないし、すさまじい線量です。石棺で閉じて100年待つべきです。100年待てば線量は二桁下がるはずです。技術開発も進むでしょう。線量が下がれば労働者被曝も減ります。

　現在7000人もの労働者が働いていて、彼らは早晩、被曝線量が5年間で100mSvの法定被曝限度を超え、緊急時被曝限度250mSvさえも超えてしまうでしょう。そうなるともう原発では働けません。現場では線量超過しそうなベテラン作業員が未熟な労働者に携帯電話で指示しているという話もあります。

　政府の廃炉プログラムは50年です。一方、東海村の再処理工場廃炉プロジェクトは60年です。どこにデブリがあるかわからないような3基の事故炉を50年でけりをつけるなんてあり得ない話です。

■ 無能な政治の責任

吉原 事故直後の民主党政権の責任が大きかったと思います。当初、福島県民は避難させるという案が出ていたと聞いています。ところがそれがいつの間にか消えてしまったんです。

最初のうち、相双地区の人たちを対象とする「仮の町」構想がありました。それも立ち消えになりました。そういう点では、その是非を含めて構想を真剣に検討しなかった政治的責任は大きいと思います。

廃炉の問題については現政権のスタンスが問われるのではないでしょうか。国は廃炉を前提とする帰還政策を進めています。

だがここに来てわかったことは、現状ではデブリの取り出しは不可能だということです。実はこれ以外、いろいろな方法があると言われています。よく言われるのは石棺化です。ところが国は廃炉を前提にして避難者の帰還を進めています。そうなると廃炉が思うように進まなかった場合、戻った人に対する賠償問題が生じます。それからあらたな移住問題も出てくるかもしれません。

今、一つ議論になっているのは、被災自治体をめぐる統廃合の問題です。相双市みたいなのをつくり、そこへ帰らない人を集めるというものです。でもこれは場所の確保一つとってみても、現実味が乏しいと言わざるを得ません。

■ 被災地はビジネスの対象？

大沼 除染は金額的にも、土木作業的にもすさまじい規模で、まさにゼネコンにとっておいしいビジネスになっています。しかし、せっかく除染しても手つかずの帰還困難区域からの移流があって線量がまた上がるという空しさもあります。帰還困難区域の一部

除染の話も出ていますが、これは絶対に行うべきではないと思います。

■ 大熊町民にとって3・11とは何だったのか
——原発という産業しかないのか

吉原　閣議でその方向を打ち出しましたね。その背後には産業として廃炉、除染を進めていこうとする意図が見え隠れしています。それは、必ずしも被災者の生活をよくしようとするものではないような気がします。被災者の方々も除染が効果的であると思っている人は少ないのではないでしょうか。

　ところで大熊について言うと、当初は会津若松といわきに避難した方が多かったんですが、このところ会津若松では人がどんどん減っています。かなり多くの人がいわきに移動しています。そこで町に対して「どこへ行ってるのか調査をしてください」と言ったことがあります。どういうところに勤めているのか、知っておく必要があると思ったからです。聞こえてくるところによると、原発もしくは関連産業に従事している人が多いということです。

　あらためて大熊町民にとって3・11は何だったんだろうかと考えさせられます。現場でかなりやばいことになっているのではないかとも思うわけです。

　もちろん事故現場の一番あぶないところの作業には、寄場などから集められて来た人たちが従事していると言われています。その人たちは二重三重に搾取されています。ピンハネされた日給で命を売っているわけですね。

■ 原発労働者を作り出す構造

大沼　今、フクイチで働いている人の多くが福島県人のようです。

全国の原発の定期検査などで働いている作業員も福島県出身者が多いのだそうです。福島原発が第2を含めると巨大で、発足も早かったことで、地元から大量の原発労働者を雇用してきたという歴史の結果かと思われます。地元の人々にとっては、まさに「原子力・明るい未来のエネルギー」だったのでしょうね。

吉原　原発の現場に1回出ると2万円もらえるといわれています。わたしは会津若松に通っているうちに地元の農業者とも知り合いになりました。会津では農業が、どんどん潰れていっています。大きければ大きいほど、駄目なんですよ。兼業農家は何とか生き残っています。多くは、勤めながらかろうじて生活を維持しているわけです。そういうところで一日勤めて2万円というのは大きいですね。10日勤めて20万円ですから。被曝の危険性があってもそういう所へ行っちゃうわけです。
　つくづく命って何なのだろうかと思ってしまいます。子どもは別のところに住まわせ、親はいわきからフクイチに通っているわけです。そういうことが現実に起こっている。しかし実態は必ずしも明らかになっていない。
　だから「町でちゃんと調査をしてください」と言っているんですが、難しいようです。実態がわかるとまずいのですか。でも実態をしっかり把握しなくてはいけないのではないでしょうか。調査結果をどうするかは、後で考えればいいわけです。

■　まだみんなで新しい町を作れるはず

大沼　人口の50％以上が65歳以上という、いわゆる限界集落は全国にあります。長野県王滝村の村長が福島の事故のあと、すぐに王滝にいらっしゃいと声を上げています。しかし残念ながら現実には実現しませんでした。

大熊町、双葉町はあらかたが帰還困難区域ですから、そういう意味では新しい町を作る条件は整っているところだと思います。今のところ簡単には戻れない状況ですから。吉原さんの最後のお話のなかで、復興住宅があって、そこに新しいコミュニティができたという話がありました。そこのところをもう少し膨らませてお話をいただけますか。

■　現状をどうとらえるか、どう明日を語るのか

吉原　復興公営住宅に入居されている方は、階層的にはかなり明確になっています。家族とともに生活をしている人はそれほど多くないようです。もともと家族や近隣から切り離されている人が集まっています。だから二重、三重に生活困難に陥るわけです。
　復興公営住宅は基本的にはいつかは出てもらうということになっています。それは帰還を前提にした仮の宿であるというふうに言う人もいます。ところが双葉、大熊についていうと、復興公営住宅は明らかに仮の宿ではありません。そういう点でいうと復興公営住宅も結構、バリエーションがあります。
　他方、みなし仮設住宅（借り上げ住宅）に住んでいる人もいれば、自分で家を構えた人もいます。だから住まいに関してフィルタリング（振り分け）が起きています。
　ところで国は完全に帰還にシフトしています。そしてみなし仮設住宅に住むのも自分で家を建てるのも個人の問題だと言っています。こうして同じ避難区域から出て来ている人に対して選別と分断を行っています。結果的に、復興公営住宅はますます「吹きだまりのような状況」にならざるを得なくなる。
　実はある大学に頼まれて講演を行ったことがあります。その時、聴講していた学生がこういうふうに言いました。
　「もうこういう話はやめようよ」「暗いからやめようよ」

その時、そうかそうなんだと、変に感心してしまいましたが、やはり違和感を禁じ得ませんでした。フクシマを早く忘却の彼方に流してしまおうとする今の社会のくらい部分を思い切り見せつけられたような気がしました。

福島県民と向き合い続ける
——それが脱原発への道

■　女性が声を挙げ始めた

吉原　さて話は変わりますが、福島は長い間男性中心社会でした。夫婦であってもまず夫の意見から、というところでした。ところが3・11を境にして子どもを守るためには、わたしたちが声を出さないとだめだ、と女性が声を上げ始めました。身近な生活、子育てを考えると自分たちが声を上げていくしかないと。3・11は悲惨だったが、それを契機に今までの福島では見られなかった新しい風が吹いているんじゃないでしょうか。

■　被災者が胸を張れる社会を

大沼　福島の人は謙虚過ぎると思います。浪江町の津島地区は原発からある程度離れた山の中の集落です。浜通りの人々が避難してきて、懸命に炊き出し活動などをしたところです。しかし、この集落に高濃度放射性プルームが襲来しました。国の無責任と情報不足で余分の被曝をしたというので集団訴訟を起こしています。その原告の方が「今、国の財政も大変なのに賠償金をもらっ

てもうしわけない」と泣きながら話されました。もっと胸を張って政府と対決してほしいと思いました。

■ 原発という受益構造に組み込まれた福島

吉原　その点に関してわたしが少し気になっているのは大熊町の人たちが「東電が責任をとって敷地内に中間貯蔵施設施設を作れ」と決して主張していないことです。考えてみれば、大熊町の人たちの多くは東電や東電の関連産業で働いています。そうすると、東電の責任を問うことは、何か自己否定をするような感覚に陥るんでしょうね。それだけ受益体制に組み込まれているのだと思います。水俣病の場合もそのようなことがみられました。高橋哲哉さんの言う「犠牲のシステム」が非常に屈折した形であらわれているといえます。　誰が考えても東電の責任は大きいと思います。東電がつぶれたって仕方がないという声も聞かれます。ただそれが大勢の意見にはなっていない。東電がつぶれたら困る。自分たちの仕事がなくなる。そこのところをどう突破していくのか。この問題は大熊だけではないと思います。

　わたしはこれまでいろいろな人の話に耳を傾けてきました。がその人たちの声はいまだまとめきれていません。まとまったものにすると彼ら、彼女らの思いが歪められると思い、なかなかまとまった形にできないのです。そんなことでヒアリングノートだけが何十冊にもなっています。

　それはさておき、被災者でありながら原発の受益体制に組み込まれて立ち往生している人たちに行政はどのように向き合っているのでしょうか。

■ 自治体とは住民が主人公のはず

吉原　町の立場からすると、そこに町民がいることが行政が存立するための不可欠の要件になります。だからこそ町民の生活を保障していくことが行政の最大の責務になります。ところが多くの被災自治体では、町民の生活保障、ここでいうと、生活の復興とか復旧などを後回しにして、ひたすら大きな開発を行うことによって自分たちの自治体を存続させようとしています。極めて道具主義的に線量を割り出し、帰還を推し進め自治体の存続をはかろうとしています。わたしはそれを頭から否定するものではありません。大熊町を残したいという町の思いはそれなりに理解できます。ただ、そうした思いを少しだけでも被災者の方に向けてほしいと思うのです。

■ 共同体意識の再考を

大沼　コミュニティの復活、復興にお金が投じられているわけですが、原発マネーで地域がんじがらめになっていて、もともとそれにふさわしいコミュニティなどなかったということですよね。

吉原　先に触れましたように、被災者自体ではかなり個人化が進んでいます。そうした個人化の波はすでに３・11 前から見られます。その矛盾が３・11 で表面化したと、わたしは考えています。
　しかし、これについてはいろいろ意見があります。一貫して集落はあったという意見もあります。わたしは「あるけど、ない」と言っていますが、「ないけど、ある」という意見もあります。それはそれでいいと思いますが、そうしたものの中にはポジショ

ン・トーク的なものが目立ちますね。

大沼　原発城下町である大熊町はそういう状況なのですが、一方原発マネーと無縁だったにもかかわらず深刻な汚染を被っている飯舘村や宮城県の丸森町はどうでしょうか。丸森町筆甫地区の人たちは飯舘村をお手本にして理想の村づくりを目指していたのだそうです。

吉原　「までい」と言われているものですね。それは「生活の共同」にもとづく地についた村づくりだと思います。ところで先ほど研究者の間にもいろいろ意見があると言ったんですが、残念ながらそれとともに研究者コミュニティも壊れてきています。
　とくに自然科学系の研究者は大学人の場合、研究費をとらなくては研究ができない。ところが、たとえば科研費を取ろうとすると、どうしても採択されやすい研究にならざるを得ない。それで研究者も徐々に自己規制していくようになるわけです。その結果、研究者コミュニティもゆがめられてくる。
　もう一つ言っておきたいのは、専門知のありようです。一般に専門家は、たとえば線量に関して言うと、基準値を設けてそれ以下は安全だというような議論をするわけです。しかし住民はそんな議論はしません。自分たちが一時的に帰ったときに井戸水なんかを調べ、どうもおかしいと感じる。つまり生活者としての皮膚感覚で理解するわけです。
　だから専門家がいくら安全だと言っても、生活者からすると安心できないということになります。そういった意味で専門知と住民の経験知の間にずれが生じます。こうした場合、かつては専門知が優先されましたが、今は必ずしもそうとは言えなくなっています。

■ わたしたちが福島住民を追い込んでいないか

吉原　ここで少し話を変えます。旭爪あかねさんという小説家がいますが、その人が最近、「福島の人が待つことに疲れきってしまって、引きこもってしまっている」と言っています。実際待つことはつらいことだと思います。残念なのですが、そのことについてわたしができることは何もありません。福島の方々は、もちろん主張はしますが、非常に控えめです。

大沼　う〜ん、つらいですね。それが東北人の特長だとは思いたくないですね。原子力村に根っこの部分からすっかりやられているということなのでしょうか。吉原さんも書いておられるように、原発事故ですべてが壊れた後でもう一回、向こうに従属関係を求めていったりしているわけですね。

吉原　わたしは被災者の言うことをしっかり聞いて彼ら、彼女らの主張の一番根底にあるものをできるだけすくい出そうと心がけてきましたが、被災者に対して、常に負い目を感じてきました。ただ、それをどう表現していいのかよくわかりません。

　結局「聞き役としてのわたし」と「研究者としてのわたし」のギャップをどういうふうに考えたらいいのかと、いつも悩んでおります。

　これからどういうふうに関わっていこうかなと思いながら、でも関わり方の基本はこれからも多分変わらないのではないかと思います。

　大熊町の人と接していて、やはり原発の立地は大きいなと感じます。ポスト3・11を考えるなら、原発の立地まで遡及して考える必要があります。

大熊町では原発立地時点で始まった私化(わたくし)(privatizaition)、社会学的に言うと、個人主義的消費生活様式がおもいのほか進んでいます。それがいろいろな場面に顔を出すわけですよ。原子力ムラにしても、この私化の進展にともなう受益感覚の肥大化が支えているようなところがあります。これを相対化させないと新しい段階に辿りつけないと思いますが、それはそんなに簡単なことではありませんね。

■ 原発が今の福島を作った

吉原　ただいろいろな人と話をしていて、わたしと同じように「原発の立地が大熊町民を変えてしまった」と考えている人が多いことに気づきました。そのことが今でもいろいろなところに顔を出してくる。そのことをどう考えていくのか。その上で、町民自らが復興の当事者主体となるにはどうすればいいのか、と。

　それについては一つの方向、一つの形では語れないと思います。先ほど述べたように、帰還がどんどん進められています。ところが実際は、私化している人ほど帰らないと言っています。それに対して年齢的なものもありますが、ある種の共同体志向を持っている人のほうが、帰りたいと言っています。

　そういうことで帰るにしても帰らないにしても、ずいぶんねじれたものになっているし、当事者主体の確立もなかなか見通せなくなっています。

　大沼さんが故郷を捨てるということを言っていますが、現実的なところでは、故郷を捨てざるを得ないのではないかと思います。

　ただ、それがストレートな形では出てこないですね。いくつもの形があって、そういうものを国や県は、巧みにあやつりながら帰還へと誘っています。分断しつつ、恫喝しつつ、帰らせようとしている。だけど現実は、ほとんどの人は帰らないと言っていま

す。みんな状況はよく知っているし、国や県の言うことをあまり信用していない。当然、発表される空間線量に対しても懐疑的です。

　住民は、自分たちの井戸水を線量計で測っていてどういう状態であるかを知っているんですよ。だから国がメディアを使って、「安全ですよ」と言えば言うほど、実はそれが逆効果になってしまうのです。大熊、双葉の方は帰らないと思います。ただ、「作業員の町」として存続していくのでしょうね。

大沼　廃炉関係の社員や作業員は選挙権を持っていますから、彼らが多数派になる可能性があります。すでにお話ししたように、六ヶ所村などはそうなっています。

吉原　町が自らの存続のために人口を無理やり作り出しているわけですね。それは本来の町ではありません。なぜなら作り出された人口は定住をベースにしていないから。

■ 大沼さんから見て帰っちゃいけない地域は双葉、大熊、浪江など……

大沼　飯舘、小高（南相馬市）は強引に帰還を押し付けられましたね。帰還困難区域は337㎢（だいたい名古屋と同じ面積）です。そこは100年間立ち入り禁止にするべきです。これは面積の規模でみるとチェルノブイリの10分の1です。
　今、政府が言っている2600万ｔの汚染物を収納するにはちょうどいい大きさです。

吉原　中間貯蔵施設はまだまだどうなるかわからないところがありますが、中間貯蔵施設ができてしまうと、周辺も住むのが難し

くなるのではないでしょうか。

大沼　一概にそうとも言えないかもしれません。高濃度に汚染した帰還困難区域は、立ち入り禁止になっていますが、そこから放射能が外部に移流・拡散していくことを防ぐための対策はまったくとられていません。風が吹けば粉じんとなって、雨が降れば濁水に含まれる粘土粒子に吸着して区域外への流出が続いています。それが貯蔵施設ともなれば、粉じん対策や流出防護策がとられるわけですから、今よりずっとましになる可能性があります。
　すでにお話ししたように、ケチな中間貯蔵施設ではなくて、帰還困難区域全体を汚染物の集中管理ゾーンとして設定して、1kg当たり8000Bqではなく、500Bq以上の汚染物を福島県外のすべての汚染地域からも集めて保管するべきだと思います。
　しかし、これはあくまで科学的に放射能の挙動だけで判断した場合の話です。

吉原　国ははじめは買い取ると言っていました。放射能の拡散を封じ込めるには、国有地にしたほうがいいという意見が出ていました。しかしそうなると、大熊町全体が住めなくなり、町がなくなってしまいます。そこで官僚的な発想で大川原地区を復興の拠点にして町を残すことにしたのです。でも中間貯蔵施設ができてしまうと、町民はますます帰らなくなりますね。
　以前、30年間貯蔵施設地権者会の方と話したことがあるんですが、その時「なぜ、30年先に戻ると言ったの？　多分、最終処分場になるんではないのか」と聞きました。

大沼　30年で持ち出すなんてそれはウソですよ。

吉原　「そうなると判を押した責任があるわけだし、最終処分

場についても責任を負わなくてはならなくなるのではないですか？」とさらに聞きました。地権者会でもそこらあたりがすごく中途半端になっていますね。結局、交渉は国主導で進んでいます。

大沼　これだけの事件が起きて大熊町、双葉町にこだわることはないのではないでしょうか。ついこのあいだも平成の大合併で多くの市町村名が消えました。その前だって市町村の合併は繰り返されてきています。歴史あるふるさとの名前がなくなって、新しい名前になったじゃないですか。これだけの大事件が起こって昔の自治体名が生き残っていることのほうがむしろ変ではないでしょうか。南相馬市だって鹿島、原町、小高が合併してできたのはたった十数年前です。チェルノブイリ村には、消滅した数百の村々の名前が墓標のようにプレートとなって立ち並んでいる公園がありました。

吉原　先ほども言及しましたが、最初の頃、「仮の町構想」がありました。いわきの南のほうが候補にあがっていました。被災者の間でも結構、その構想に期待していたように思います。しかし町や県が被災者のほうに顔を向けて、そうした構想を打ち出していたのかどうかは、よくわかりません。今はそうした仮の町構想はまったく話題に上らなくなっています。そして帰る人はほとんどいないというのが現状です。民報も民友もこれだけ線量が下ったのだから帰ろうと、必死になって呼びかけています。

　他方、賠償、住宅費の打ち切りは2017年の3月、精神的な慰謝料は2018年の3月までということになっています。帰らないなら、自分たちで対応しろというわけです。事実上の棄民化ですね。

大沼　それにどう反攻するか。課題ですね。このままでは泣き寝

入りです。水俣病でも自覚症状がある人が8万人、認定申請した人が6万5000人で、認定された人が3000人未満です。福島および福島以外の汚染地域では今後、水俣と比べて数十倍のスケールで泣き寝入りが出るのではないでしょうか。

質問　そのリスクで考えると大熊、双葉町などよりもっと広範な地域が立ち入り禁止とする必要が出てきませんか？

大沼　すでに前半のお話の中で述べましたように、発災直後は200万人規模の避難が必要でした。6年半を経過してもなお、中通りは無論のこと、福島県以外でも栃木県北部などに避難すべきゾーンが残っています。

質問　そうしたら中通りもかなりの範囲、かかってきますよね。

大沼　そうです。国の官僚は何か政策を始める場合、必ず予備調査をします。いざ厳しい法律を作ったはいいけれど、実際には到底クリアできないというのでは困るからです。川、海、大気の環境基準を作る際は、まず事前に2年間ほどの調査をして、現状から少しだけ努力すれば達成できるレベルに基準の線を引きました。理想の環境基準ではないのです。汚いところは汚いなりに、きれいなところはきれいなりに、類型指定といいますが多段階の基準が設定されています。きれいになったら類型をランクアップして、よりきれいを目指すべきなのですが、なかなかそれは行われません。極論すればですが、彼らは環境がよくなることが目標ではなく、基準達成率が高ければよいのです。

　多分、国の官僚たちが汚染地域指定の線を何mSvで引くかを考えた時には、汚染域の人口を考慮したと思います。1mSvだと要避難人口は200万人超、5mSvでも中通りが汚染域になるの

でまだ大変。10万人くらいならなんとかなるとして計算したら、20mSvだったということではなかったかと思うのです。その根拠となる理屈は後で探せばいいのです。ICRP勧告（Pub.1092）には、ちょうどおあつらえ向きの緊急時の参考レベル20〜100mSvが記載されていました。

吉原　社会学ではリスクをよく問題にします。たとえば線量でND（not detectable）というのがありますね。あれって、私たちからすると非常に問題なのです。なぜかと言うと、たとえば甲状腺がん、素人が見ても明らかに被曝と関連があるのは間違いないように見えるのに、専門家の方々は明確な因果関係はないと主張しています。となると、NDが果たして正しいのかという疑問が生じかねない。この線量だから安全なんだということではなくて、こういう危険性があるんじゃないですかというところから議論していかなくてはならないと思うんですが、どうもそういう議論にはなっていないようですね。

大沼　NDは検出限界のことです。これは科学技術的な究極の検出限界ではなく、与えられた条件下での検出限界です。たとえば、食品中の放射能を測る場合、測定器の性能、遮蔽の厚さ、測定時間、サンプルの重量が検出限界を決める主な因子です。福島県がコメの全量検査をしていますが、あの条件では検出限界は1キログラム当たり25Bqですから、到底安心安全なレベルではありません。Cラボでは、検出限界1Bqくらいを目指してさまざまな工夫をしながら測定しています。検出限界は、何に規定されるかといえば、技術的な限界×時間×お金ということもできるでしょう。

　社会学で議論するリスクというのは、どういう定義なのでしょうか。前半のお話で述べたように、因果律不明瞭な慢性毒性を持

つ有害物質や放射線では絶対安全レベルを決めることができません。やむをえず確率という道具を使って、不確かな健康被害についてリスク評価と管理をせざるを得なくなっているのです。もともと不確かなのですから、リスクをふりかざして安全安心を押し売りするのは正しくありません。予防原則を忘れないように、常に保守的な（Conservative：健康や生命を守るために常に安全側をとる姿勢）判断をする必要があります。

吉原　こういう危険性があるという立場に立つと、たとえば先ほどのNDなら、多分、ゼロではないんですね。

大沼　それは測定技術と技術にかけたお金と時間によって、NDのレベルは変わりますから。検出限界は、何に規定されるかといえば、技術的な限界×時間×お金です。

吉原　それでも危険性はゼロではないんですね。

大沼　もちろんそうです。

吉原　そうだとすると、1％の危険性があるという議論も立てられると思うのですが。

大沼　交通事故のように、原因と結果が1：1ではっきりしている場合には、対策と効果の関係が明瞭です。車の便益と国民が求める生命の安全レベルを天秤にかけて規制水準を決めればいいわけです。国民が求めるレベルが変わるとともに、規制も厳しくなって、交通事故死者は1万5000人超から現在の4000人台まで下がってきています。

　一方、因果律不明瞭問題である低線量被曝では簡単にはいきま

せん。とりわけ原発事故によってもたらされた放射能については、便益と健康被害リスクとを天秤にかけるべきではありません。絶対安全神話の中で国家と企業の都合で進められてきた原発開発による便益を多くの市民が望んだわけでなく享受したわけでもなく、反対してきた人々も多かったわけです。それでも放射線被曝に関してはゼロリスクの設定は出来ないわけですから、とりあえずはICRPが到達した年間1mSvあるいはECRRが勧告する0.1mSvを一般公衆の被曝限度として、そこから決して後退しないという意思表示を我々はしていくべきだと思います。

おわりに

■ 科学技術は人のため

　不確実性の霧立ち込める「不安の海」をリスク科学という名の羅針盤で航海しようという勢力が国家権力側についています（例えば、中西準子『環境リスク学：不安の海の羅針盤』（日本評論社、2004年））。かつて政府や官僚は、原発、放射能、自然災害など様々なリスクに対して絶対安全を標榜してきましたが、福島原発事故が起きるよりずっと前からあらゆる分野でリスクゼロはありえなくて、リスクと便益のバランスでことを進めていくという施策が展開されていたのです。すでに述べたように、リスクとは確率であって定量的に求められた数値ではありません。だからリスク評価は最新の知見によって不断に見直される必要があるし、予防原則という戒めの鑑が必要なのです。そもそも原発事故そのものがリスク科学の失敗の証明でもありました。しかし原発に関しては、事故前は旧態依然たる絶対安全キャンペーンが流され続けていました。事故後は医療被曝など便益を受益していた者についてのみ許容されるはずのリスク便益分析を適用して、放射線被曝を飲酒や喫煙など他のリスクと比較するような論調がまかり通っています。さらにはリスク科学の枠をも踏み外して、100mSv以下無害説が御用学者たちによって流され続け、健康被害を心配する声は風評被害対策によって圧殺されています。このままでいくと因果律不明瞭問題の典型としての低線量被曝による健康被害が、水俣病事件より数段大きな規模で被害者の泣き寝入りを生んでしまうでしょう。私たちの闘いは果てしなく続くと思います。

　今回はロシナンテ社の四方さんのご努力によって、社会学者・吉原直樹さんとの共同作業ができ、とてもよい勉強になりました。現場に通い詰めて被害者の声を丹念に聞き取ることに徹した作業から出てくる真実は、科学技術的視点から俯瞰的にアプローチしようという環境科学とは対照的ですが、二つの手法が交差するところで放射能汚染問題への新しい視点、提言が生まれてくる可能性を感じました。紙幅の都合でリスク科学の現状と問題点について十分な掘り下げができなかったところが少し残念でしたが、それは今後の課題としたいと思います。

（おおぬま　じゅんいち）

■ 「大文字の復興」から「小文字の復興」へ

　いわゆる「いちえふ」のお膝元である大熊町は、いま大きな岐路に立たされています。町は2022年度までの復興創生期間内に目に見える形で復興しないと国に見捨てられるという危機感を抱いています。そのために、町民がいて町が確実によみがえっているということを示す必要がある。ということで、町は国の意向を受けて元いた町民に帰還をすすめています。そして地元メディアを巻き込んでの帰還の誘導が大々的におこなわれています。しかし今のところ、「帰る」町民はほとんどいない。だから当然のことではあるが、町民の意向を無視した帰還政策は空回りせざるを得ません。

　そうした中で、大熊町が町の存続をかけておこなっているのが大川原地区の開発です。廃炉や除染に関連する産業やロボット産業などの新産業を集中・集積させ、そこで働く人びとを呼び込んで新たな町民に仕立て上げようとしています。つまり「大文字の復興」（大沢真理）とともに「作業員の町」をつくり、生き残りを図ろうとしているのです。そして役場を元の町に戻すことがすでに決まっています。しかしここでも壁にぶつかっている。新たな町民が果たして定住するのかどうか、まったく予測がつかないのです。

　大熊町が、今もとめられているのは、ほとんどの人は帰らないし、帰れないという現実をふまえた上で、町民の多様な動きを一元化して帰還へと誘導したり、帳尻合わせのような「作業員の町」をつくるのではなく、時間をかけて町民のさまざまな思いを復興へとつなげていく複線型の「小文字の復興」をめざすことではないでしょうか。そしてそのためにも、何のための帰還であり、誰のための帰還であるのかを原点に立ち返って問い直す必要があると思われます。

（よしはら　なおき）

追記：本書の一部（吉原執筆箇所）は、2016～17年度日本学術振興会科学研究費・挑戦的萌芽研究「ポスト3・11と原発事故被災者の『難民』化の実相」（研究代表者吉原直樹・課題番号16K13423）で得られた成果を部分的に用いている。

プロフィール

■ 大沼淳一（おおぬま　じゅんいち）

　1944年、福島県郡山市生まれ。すぐ宮城県へ。仙台市の高校卒業後、東北大学理学部入学。生物化学を専攻。大学院は名古屋大学で分子生物学専攻。大学闘争に参加。1970年の公害国会を受けて、愛知県にも環境研究所が設立され、その研究職として採用。以後、名古屋オリンピック反対運動、愛知万博反対運動、藤前干潟埋め立て反対運動、岐阜県御嵩町に計画された巨大産廃処分場計画反対運動などさまざまな住民運動に参加。マレーシアにおける三菱化成子会社・アジアレアアース社によるトリウム残土放置事件、フィリピン・レイテ島の日比合弁会社PASAR銅精錬工場やパラワン島の住友金属鉱山のニッケル現地精錬工場による環境汚染など、アジア各地の公害輸出事件の調査・告発運動に参加。

　採用時の知事は官選知事時代から連続8期目の桑原幹根知事。そんな保守的な環境の中でも「世のため人のための科学技術者になろうという信念でずっとやってきました」と言う。

　「それこそ万年ひらで、思いがけなく定年まで32年間もおりました。ただ現場というか、実験室で実験台を持っている仕事ですから、比較的自由に世のため、人のための仕事がずっとできてきたのです」

　東日本大震災後、名古屋で市民放射能測定センター（略称：Cラボ）の立ち上げに参加。その後、全国34カ所の市民放射能測定室を横に繋いだ「みんなのデータサイト（略称：MDS）」の結成を呼び掛け、食品や土壌の放射能含有量を一カ所のウェブサイトで誰でも見ることができるシステムが動いている。市民放射能測定室全体の測定技術向上のために奔走。高木仁三郎市民科学基金では助成金選考委員として6年間働くとともに（現在は顧問）、原子力市民委員会委員として、政策大綱『原発ゼロ社会への道』の刊行に参加し、『改訂版 原発ゼロ社会への道2017』（2017年12月刊行）へも執筆参加。

■ 吉原直樹（よしはら　なおき）

　1948年、徳島県生まれ。慶應義塾大学経済学部卒業。その後、同大学大学院社会学研究科に進学（社会学専攻）。社会学博士。大学院修了後、立命館大学、神奈川大学を経て、東北大学で20年間教鞭を取る。2011年3月退職。その後、大妻女子大学に勤務。2017年4月より、横浜国立大学大学院教授。

　大学院進学以降今日に至るまで一貫して追求してきたテーマは、都市社会学の理論的革新であるが、20年近くはヨーロッパで現れた空間論的転回（spatial turn）に即してテーマを深めている。そしてそうした研究の一環として、コミュニティの社会設計に取り組んでいる。それはいわゆる経験的研究に属するが、これまでに福山市、神戸市、東京都品川区、仙台市、青森市、盛岡市、山形市、秋田市、福島市、小田原市等をフィールドとしてきた。なお、以上の研究の足跡については、別のところ※でやや詳しく述べている。

　吉原さんは、東日本大震災の発生当時、ちょうど海外大学の勤務（客員教授）を終え、東京で日本学術会議の会議に出席していた。

　「東京で会議のときにものすごく揺れました。これは瞬時、関東大震災の再来ではないかと思いました。その後、身動きが取れなくなりました。東京の交通機関は全部ストップしました。会議の場所（学術会議本部）は、東京ミッドタウンの近くだったのですが、買い物に行ってもどこも何も売っていませんでした。学術会議の1階で毛布を敷いて寝ました。学術会議では、こんなことは初めてということでした。東北新幹線はもちろんだめだし、東北縦貫道もだめだし、帰仙できませんでした。ところがどういうわけか、唯一、福島空港への便が1便だけあったのです。それでとにかく北に行こうということで、福島まで行きました。実はそのとき相双地区からの被災者が身を寄せている避難所がありまして、そこにボランティアで入りました。何かできるのではないかと思って、ふらっと行ったのです」

※　吉原「異端の社会学徒へ／から」金子勇・吉原ほか『社会学の学び方・活かし方』勁草書房、2011年

復興？　絆？
――福島の今

発行日	2018 年 3 月 30 日　初版第 1 刷発行
著者	大沼淳一　吉原直樹
編者	ロシナンテ社 http://www9.big.or.jp/~musub/
発行所	㈱解放出版社 〒 552-0001　大阪市港区波除 4-1-37　HRC ビル 3F 　　　TEL　06-6581-8542 　　　FAX　06-6581-8552 東京営業所 〒 101-0051　千代田区神田神保町 2-23 　　　　　　アセンド神保町 3F 　　　TEL　03-5213-4771 　　　FAX　03-3230-1600 　　　http://kaihou-s.com
	装幀　鈴木優子 レイアウト・データ制作　日置真理子
印刷・製本	モリモト印刷株式会社
	ISBN978-4-7592-6784-6　NDC360　92P　21cm

定価はカバーに表示してあります。乱丁・落丁本はお取り替えいたします。